高等教育艺术设计专业规划教材

Decoration Construction
Management & Pre-Final Calculation

# 装饰施工管理与预决算

邓诗元 　总主编

刘　岚　郑雅慧　编　著

中国轻工业出版社

图书在版编目(CIP)数据

装饰施工管理与预决算/刘岚,郑雅慧编著.—北
京:中国轻工业出版社,2024.1
ISBN 978-7-5184-1693-6

Ⅰ.①装… Ⅱ.①刘… ②郑… Ⅲ.①建筑装饰-建
筑施工-施工管理-高等学校-教材②建筑装饰-建筑施
工-建筑预算定额-高等学校-教材 Ⅳ.①TU767

中国版本图书馆 CIP 数据核字(2017)第 272768 号

## 内 容 提 要

装饰施工管理与预决算是艺术设计专业、建筑装饰专业必修课程,根据高等教育人才培养
目标以及相关课程的教学大纲编写。本书共分 8 章,全程介绍装饰施工概述、合同管理与施工
采购管理、装饰工程施工进度、装饰工程预算、工程技术与质量管理、安全管理与环境保护、工程
收尾管理、工程预算与决算等内容。本书采用图文混排的形式,以图代文,深入浅出,便于初学
者掌握。本书适用于大中专院校建筑装饰设计、艺术设计相关专业,也是装饰设计师、环境设计
师的自学参考读物。

责任编辑:朱利利    责任终审:孟寿萱    整体设计:锋尚设计
策划编辑:王 淳    责任校对:吴大朋    责任监印:张 可

出版发行:中国轻工业出版社(北京鲁谷东街 5 号,邮编:100040)
印    刷:北京君升印刷有限公司
经    销:各地新华书店
版    次:2024 年 1 月第 1 版第 2 次印刷
开    本:889×1194  1/16  印张:12
字    数:250 千字
书    号:ISBN 978-7-5184-1693-6  定价:35.00 元
邮购电话:010-85119873
发行电话:010-85119832  010-85119912
网    址:http://www.chlip.com.cn
Email:club@chlip.com.cn
版权所有  侵权必究
如发现图书残缺请与我社邮购联系调换
240049J1C102ZBQ

# 前　言

随着时代的迅速发展，尽快培养装饰装修专业高素质的设计、施工、管理人才，已经成为行业健康发展的关键。本书适应高等教育人才培养目标的需要，按照培训高级应用型人才的方法和原则，从理论与实践紧密结合上，紧紧围绕装饰工程项目的管理与预决算需要，对其进行详细的讲解。

很多从业人员及本专业的学生都非常渴望掌握装饰施工的管理和预决算，而市场上对应的教材大多是讲述装饰施工管理与预决算表面上的知识，但没有从实践的角度图文并茂讲述装饰施工管理的深入书籍，不能激发大家的学习欲望，对大家的学习认知也不能起到有效的推动作用。

针对市面上已有书籍的不足，编写了《装饰施工管理与预决算》，包括合同管理与施工采购管理、工程施工进度、工程技术与质量管理等重点概念，同时也加入了管理预算的实际案例和补充要点加强学生对装饰施工管理与预决算应用能力的掌握。

本书不仅介绍了施工管理的基本理论知识，还在每个章节后加入了案例分析，让初学者能够在课程中更加深刻学习到对应章节的知识。每个案例都是精挑细选出的，从介绍到案例，都是实际施工经验和现场拍摄的图片，真实生动，让学习者体会到学习的乐趣。本书具有以下特点：

1. 注重优化课程结构。既考虑到装饰工程施工的工作基本顺序，又同时兼顾课程内容先后贯穿的要求，以及由简单到复杂、整体到局部的规律；

2. 注重推陈出新，将最新最近的知识写到教材中，并且将未来的发展趋势以及一些前沿知识也介绍出来；

3. 简化理论讲解，强化案例学习，将理论讲解简单化，有机融入最新的实例以及操作性强的案例，提高了教材的可读性和实用性。

现代装饰装修施工具有明显的应用性，知识突出、可操作性强、内容比较先进等特点。通过对本书内容的系统学习，可以掌握在装饰工程管理中的主要内容和主要方法，还可学习到装饰预算的基础知识，从而提高施工企业的专业知识和管理水平。

本书按照案例式的课堂教学模式进行编排，并安排设计了单元练习，既便于学生学习又便于教师备课。

本书在汤留泉老师指导下完成，编写中得到以下同事、同学的支持：黄溜、李平、陈全、黄登峰、柯玲玲、董豪鹏、蒋林、刘峻、刘忍方、吕菲、毛婵、鲍雪怡、仇梦蝶、苏娜、叶伟、付洁、肖亚丽、向江伟、徐谦、孙春燕、张颢、张欣，感谢他们为此书提供素材、图片等资料。

编者

# 目　录

# 第一章　装饰施工概述

**学习难度：** ★☆☆☆☆

**重点概念：** 施工企业的资质、项目建设的具体程序、施工前的准备

### 章节导读

　　装饰是为了保护建筑物的主体结构，完善建筑物的使用功能，美化建筑物并采用装饰装修材料对建筑物的内外表面及空间进行的各种处理过程（图 1-1）。在工程施工中，人们习惯把装饰和装修两者统称为装饰工程。

图 1-1　玻璃幕墙装饰工程

　　装饰行业随着经济的发展越来越繁荣，已经形成了自己的特点和优势。装饰行业的发展，促进了产业结构调整，提高了装饰行业的科技含量，促进了装饰技术的发展。装饰行业随着房地产业的发展已经成为国民经济的重要支柱。

# 第一节 装饰企业及其施工特点

## 一、装饰企业的资质等级及其业务范围

装饰企业的资质等级包括装饰工程设计资质等级和装饰工程施工资质等级两项。企业资质是企业技术能力、管理水平、业务经验、经营规模、社会信誉等综合性实力的指标。对企业进行资质管理的制度是我国政府实行市场控制的有效手段。

### 1. 装饰工程设计资质等级及其业务范围

（1）装饰工程设计资质等级标准 是核定装饰设计单位设计资质等级的依据。装饰设计资质分为一、二、三或甲、乙、丙三个级别（图1-2）。其中各省住房与城乡建设厅颁发的资质为一、二、三级，各省行业协会颁发的资质为甲、乙、丙三级。下面以行业协会颁发的资质要求为例进行说明。

图1-2 装饰工程设计资质等级

分级标准的主要依据如下。

1）从事装饰设计业务，独立承担过的规定造价单位工程数量，且无设计质量事故。

2）单位的社会信誉和相适应的经济实力以及工商注册资本。

3）单位专职技术骨干人员数量及其专业分配，装饰设计主持人应具有技术职称要求。

4）是否参加过国家或地方装饰设计标准、规范以及标准设计图集的编制工作或行业的公务建筑工作。

5）质量保证体系的要求、技术、经营、人事、财务、档案等管理制度健全。

6）达到国家建设行政主管部门规定的技术装备及应用水平考核标准。

7）有固定工作场所，装饰面积标准。

（2）装饰企业承担的任务及其业务范围

1）甲级装饰设计单位：承担装饰设计项目的范围不受限制。

2）乙级装饰设计单位：承担装饰工程设计等级二级及二级以下的装饰工程装饰设计项目。

3）丙级装饰设计单位：承担装饰工程设计等级三级及三级以下的装饰工程装饰设计项目。

### 2. 装饰工程施工企业资质等级及其业务范围

（1）装饰工程施工企业资质等级标准 是核定装饰施工单位施工资质等级的依据。装饰工程施工企业资质等级标准分为一、二、三或甲、乙、丙三个级别（图1-3）。其中各省住房与城乡建设厅颁发的资质为一、二、三级，各省行业协会颁发的资质为甲、乙、丙三级。下面以行业协会颁发的资质要求为例进行说明。

图 1-3　装饰工程施工资质等级

分级标准的主要依据如下。

1）企业多年来承担过的规定造价的单位工程数量，且工程质量合格。

2）企业经理从事工程管理工作经历或具有的职称；总工程师从事装饰施工技术管理工作经历并具有相关专业职称；总会计师或财务负责人具有会计职称；企业其他工程技术和经济管理人员数量，且结构合理。企业拥有一定资质以上的项目经理数量。

3）企业注册资本金和企业净资产。

4）企业近 3 年来最高工程结算收入。

（2）装饰工程施工企业承担的任务及其业务范围

1）甲级施工企业：可承担各类建筑的室内、室外装饰工程（建筑幕墙工程除外）施工。

2）乙级施工企业：可承担单位工程造价 1200 万元及以下建筑的室内、室外（建筑幕墙工程除外）装饰工程的施工。

3）丙级施工企业：可承担单位工程造价 60 万元及以下建筑室内、室外（建筑幕墙工程除外）装饰工程的施工。

企业的资质等级决定了其从事的工程项目范围，相应地也决定了它有多大的业务能力范围。等级越高，工作的外环境就越广，生产空间就越大，一般来说其效益就相对较高。

★ 小知识

**选择优秀的装饰企业**

建委颁发的"建筑装修工程施工企业资质等级"主要是颁发给承揽公共建筑装修的大型企业的。不过，有些装修公司是一些包工队或小公司挂靠在一些大公司的名下，他们虽然能出示资质级别很高的证书，但是单看资质等级并不能说明他们的真实水平。综合地考察装修公司是很重要的。具体来说就是从各个角度了解公司情况，要充分了解设计师的设计能力，可以通过与设计师交谈或者了解观看设计师以往的作品来看设计师的设计水平。

## 二、装饰产品及其施工的特点

### 1. 装饰产品的特点

装饰产品是附着在建筑物上的产品，除了具有各不相同的性质、设计、类型、规格、档次、使用要求外，还具有以下共同的特点（图 1-4）。

（1）固定性　装饰产品一经建造在建筑物上，便无法进行转移，这便是装饰产品的固定性。

（2）多样性　根据不同的建筑风格、建筑结构和装饰设计，会产生不同的装饰产品并使其具有多样性的特点。

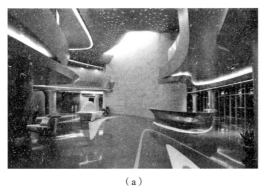
（a）

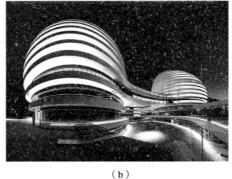
（b）

图1-4 装饰产品具有的共同特点

（3）时间性 装饰产品要考虑耐久性，但相对于主体结构而言寿命较短，而且装饰风格也会随着时间的变化而更新。

（4）双重性 装饰产品不仅要改善和美化建筑物室内外空间环境，而且对主体结构也要起到保护作用。

### 2. 装饰施工的特点

（1）施工性 装饰工程是建筑工程的有机组成部分，装饰施工是建筑施工的延续与深化，而并非单纯的艺术创作。任何装饰施工的工艺操作，均不可只顾及主观上的装饰艺术表现而漠视对于建筑主体结构的维护与保养。必须以保护建筑结构主体及安全适用性为基本原则，并通过装饰造型、装饰饰面及设置装配等工艺操作达到既定目标。

（2）规范性 装饰装修工程是一项工程建设项目，是一种必须依靠合格的材料与构配件等达到规范要求的构造做法，并由建筑主体结构予以稳固支撑的建设工程。一切工艺操作及工序处理，均应遵循国家颁发的有关施工和验收规范，工程质量的检查验收应贯穿装饰施工过程的始终。

（3）专业性 装饰施工是一项十分复杂的生产活动，具有工程量大、施工工期长、耗用劳动量多和总造价高等特点。随着材料的发展和技术的进步，工程构件预制化程度的提高，装饰项目和配套设施的专业化生产与施工，使装饰施工专业性越来越强。

（4）技术经济性 技术与经济性是装饰工程的使用功能及其艺术性的体现与发挥，尤其是工程造价，在很大程度上均受到装饰材料及现代声、光、电以及其控制系统等设备的制约。工程的费用中，结构、安装、装饰的比例一般为3：3：4，而国家重点工程、高级宾馆及涉外或外资工程等高级建筑装饰工程费用要占总投资的一半以上。

（5）施工与组织的相关性 装饰施工一般是在有限的空间进行，作业场地狭小，施工工期紧。而对于新建工程项目，为了尽快投入使用，发挥投资效益，一般都需要抢工期。而对于扩建、改建工程，常常是边使用边施工。装饰工程工序繁多，施工操作人员的工种复杂，工序之间需要平行、交叉作业，材料、机具频繁搬运等造成施工现场拥挤滞塞的局面，这样就增加了施工组织的难度。

★补充要点
**施工现场要有条不紊**

在施工现场一定要做到有条不紊，工序之间衔接紧凑。要保证施工质量并提高工效，就必须以施工组织设计作为指导性文件和切实可行的科学管理方案，对材料的进场顺序、堆放位置、施工顺序、施工操作方式、工艺检验、质量标准等进行严格控制，随时进行指挥调度，使装饰工程施工严密，能够有组织地按计划顺利进行。

## 第二节　装饰施工程序

### 一、建设项目及其组成

#### 1. 建设项目

凡是按一个总体设计的装饰工程并组织施工，在完工后均具有完整的系统，可以独立地形成生产能力或使用价值的工程，称为一个建设项目。

按照不同的角度，可以将建设项目分为不同的类别。

（1）按照建设性质分类　建设项目可分为基本建设项目和更新改造项目。基本建设项目又分为新建项目、扩建项目、拆建项目和重建项目；更新改造项目包括技术改造项目和技术引进项目。

（2）按照建设规模分类　基本建设项目按照设计生产能力和投资规模分为大型项目、中型项目和小型项目三类，更新改造项目按照投资额分为限额以上项目和限额以下项目。

（3）按照建设项目的用途分类　建设项目可分为生产性建设项目（包括工业、农田水利、交通运输、商业物资供应、地质资源勘探等）和非生产性建设项目（包括文教、住宅、卫生、公用生活服务事业等）。

（4）按照建设项目投资的主体分类　建设项目可分为国家投资、地方政府投资、企业投资、"三资"企业以及各类投资主体联合投资的建设项目。

#### 2. 建设项目的组成

一个建设项目，按装饰工程质量验收规范划分为单位（子单位）工程、分部（子分部）工程、分项工程和检验批。

（1）单位（子单位）工程　是指具备独立施工条件并能形成独立使用功能的建筑物及构筑物。建筑规模较大的单位工程，可将其能形成独立使用功能的部分称为一个单位（子单位）工程。

（2）分部（子分部）工程　组成单位工程的若干个分部称为分部工程。分部工程的划分应按照建筑部位、专业性质确定。当分部工程较大或较复杂时，可按材料种类、施工特点、施工程序、专业系统及类别等划分为若干个子分部工程。一个单位（子单位）工程一般由若干个分部（子工程）工程组成。如建筑工程中的装饰装修工程一项分部工程，其地面工程、墙面工程、顶棚工程、门窗工程、幕墙工程等为子分部工程。

（3）分项工程　分项工程是分部工程的组成部分。分项工程应按主要工种、材料、施工工艺、设备类别等进行划分。如幕墙工程的分项工程为玻璃幕墙、金属幕墙、石材幕墙。

（4）检验批　分项工程可由一个或若干个检验批组成。检验批可根据施工及质量控制和专业验收需要按楼层、施工段、变形缝等进行划分。

### 二、装饰项目的建设程序

建设程序是建设项目在整个建设过程中各项工作必须遵守的先后顺序，它是几十年来我国建筑工作实践经验的总结，是拟建项目在整个建设过程中必须遵循的客观规律。建设项目的建设程序一般分为四个阶段。

#### 1. 项目决策阶段

这个阶段是建设项目及其投资的决策阶段，是根据国民经济长、中期发展规划进行项目的可行性研究，编制建设项目的计划任务书（又称为设计任务书）。主要工作包括调查研究、经济论证、选择与确定建设项目的地址、规模和时间要求。

#### 2. 建设准备阶段

这个阶段是装饰项目的工程准备阶段。它主要根据批准的计划任务书进行勘察设计，做好建设准备工作，安排建设计划。

主要工作包括工程地质勘查、初步设计、扩大初步设计和施工图设计、编制设计概算、设备订货、征地拆迁、编写年度投资及项目建设计划书等。

## 项目建议书

项目建议书是业主单位向国家提出的要求建设某一项目的建议文件，是对工程项目建设的轮廓设想。项目建议书的主要作用是推荐一个拟建项目，论述其建设的必要性、建设条件的可行性和获利的可能性，供国家选择并确定是否进行下一步工作。

### 3. 工程实施阶段

这个阶段是基本建设项目及其投资的实施阶段，是根据设计图纸和技术文件进行建筑施工，做好生产或使用准备，以保证建设计划的全面完成。施工前要认真做好图纸的会审工作，编制施工图预算和施工组织设计，明确投资、进度、质量的控制要求、施工中要严格按照施工图施工，按照质量评定标准进行工程质量验收，确保工程质量。对质量不合格的工程要及时采取措施，不留隐患，不合格的工程不得交工。施工单位必须按合同规定的内容全面完成施工任务。

### 4. 竣工验收、交付使用阶段

工程竣工验收是建设程序的最后一步，是全面考核建设成果，检验设计和施工的重要步骤，也是建设项目转入生产和使用的标志。对于建设项目的竣工验收，要求生产性项目经负荷试运转和试生产合格，并能够生产合格产品，其中非生产性项目要符合设计要求，能够正常使用。验收结束后，要及时办理移交手续，交付使用。

## 三、装饰工程施工程序

装饰工程施工程序是在整个施工过程中各项工作必须遵循的先后顺序。它是多年来装饰工程施工实践经验的总结，也反映了施工过程中必须遵循的客观规律。装饰工程的施工程序一般可划分为承接任务阶段、计划准备阶段、全面施工阶段、竣工验收阶段及交付使用阶段。大中型建设项目的装饰装修工程施工程序如图 1-5 所示，小型建设项目的施工程序可简单些。

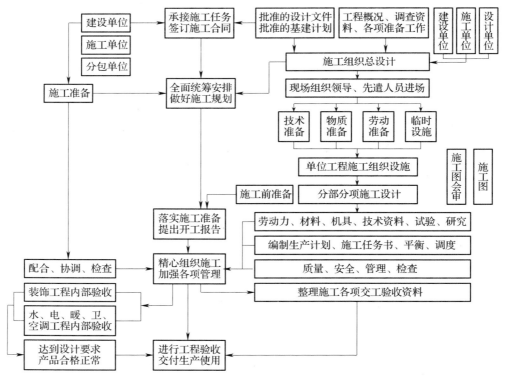

图 1-5 装饰工程施工程序图

# 第三节　装饰施工前准备

装饰工程施工前的准备工作是指在施工前从组织、技术、资金、劳动力、物资、生活等方面,为了保证施工顺利进行,事先要做好的各项工作。它是施工程序中的重要环节,不仅存在于开工之前,而且贯穿于整个施工过程之中。

## 一、装饰施工前准备工作的意义和要求

### 1. 装饰施工前准备工作的意义

装饰工程施工是一项十分复杂的生产活动,它具有工期短、质量要求高、工序多、材料品种复杂、与其他专业交叉多等特点。如果事先缺乏统筹安排和准备,将会造成混乱,使施工无法进行。而前期全面细致地做好施工准备工作,调动各方面的积极因素,按照装饰工程施工程序,合理组织人力、物力,能够加快施工进度,降低施工风险,提高工程质量,节约资金和材料,提高经济效益。因此,严格遵守施工程序,按照客观规律组织施工,做好各项施工准备工作,是施工顺利进行和工程圆满完成的重要保证。

### 2. 装饰施工前准备工作的要求

(1)注重各方面的相互配合　装饰工程的施工工作涉及范围广,与其他专业(水电、暖等)交叉较多,在做施工准备工作时,不仅装饰工程施工单位要做好施工准备工作,施工中涉及的其他单位也要做好准备工作。

(2)有计划、有组织、有步骤地分阶段进行　装饰施工准备不仅要在施工前集中进行,而且要贯穿于整个施工过程。装饰施工场地相对比较狭小,及时、分阶段地做好施工准备工作,能最大限度地利用工作面,加快施工进度,提高工作效率。因此,随着工程施工进度的不断进展,在各分部分项工程施工前,及时做好相应的施工准备工作,能够为各项施工的顺利进行创造必要的条件。

(3)建立相应的检查制度　对施工准备工作要建立相应的检查制度,以便经常监督,及时发现问题,不断改进施工工作。

(4)建立严格的责任制　按施工准备工作计划将工作责任落实到有关的部门和人员,明确各级技术负责人在施工准备工作中应负的责任,做到责任到人。

(5)执行开工报告、审批制度　装饰工程的开工,是在施工准备工作完工以后,具备了开工条件,项目经理写出开工报告,经申报上级批准,才能执行。实行建设监理的工程,企业还需将开工报告送监理工程师审批,由监理工程师签发开工通知书,在限定时间内开工,不得拖延。

## 二、装饰施工前准备工作的分类和内容

### 1. 装饰施工前准备工作的分类

（1）按准备工作的范围分类

1）全场性的施工准备工作。它是以整个装饰工程群为对象进行的各项施工准备，施工准备工作的目的、内容都是为全场施工服务的，如全场的仓库、水电管线等。

2）单位工程施工条件准备。它是以一个单位工程的装饰为对象而进行的施工条件准备工作，施工准备的目的、内容都是为单位工程装饰装修工程服务的，如单位工程装饰装修工程的材料、施工机具、劳动力准备工作等。

3）分部分项工程施工作业条件准备。它是以分部分项工程为对象而进行的施工条件准备，工作的目的、内容都是为分部分项工程施工服务的，如分部分项工程施工技术交底、工作面条件、机械施工、劳动力安排等。

（2）按工程所处施工阶段分类

1）开工前的施工准备阶段。它是在拟建装饰装修工程正式开工之前所做的一切准备工作，目的是为拟建工程正式开工创造必要的施工条件。

2）开工后的施工准备阶段。它是在拟建工程开工后各个施工阶段正式开工前所做的施工准备。

### 2. 装饰施工准备工作的内容

装饰施工准备工作的内容主要包括技术准备、工程预算和施工条件与物资准备。技术准备、工程预算和施工条件与物资准备工作主要是为装饰装修工程全面施工创造良好的施工条件和物资保证（图1-6、表1-1）。

（a）

（b）

图1-6　施工物资准备

表1-1　　　　　　　　　　　　　　　施工部分预算

| 序号 | 项目名称 | 单位 | 数量 | 单价/元 | 合计/元 | 材料工艺说明 |
|---|---|---|---|---|---|---|
| 一、基础工程 | | | | | | |
| 1 | 墙体拆除 | m² | 10.90 | 60 | 654.00 | 卧室3、厨房、卫生间拆墙、渣土装袋，其中人工、主材、辅料全包 |
| 2 | 强弱电箱迁移 | 项 | 2 | 150 | 300.00 | 将目前位于客厅沙发背面的强弱电箱迁移至门厅墙面处，其中人工、主材、辅料全包 |
| 3 | 门框、窗框找平修补 | 项 | 1 | 600 | 600.00 | 全房门套、窗套的基层修饰、改造、修补、复原，其中人工、主材、辅料全包 |
| 4 | 卫生间回填 | m² | 3.80 | 70 | 266.00 | 轻质砖渣回填，华新牌水泥砂浆找平，卫生间下沉为320mm，人工、主材、辅料全包 |

续表

| 序号 | 项目名称 | 单位 | 数量 | 单价/元 | 合计/元 | 材料工艺说明 |
|---|---|---|---|---|---|---|
| 5 | 窗台、阳台护栏拆除 | m | 4.40 | 35 | 154.00 | 卧室1、卧室2窗台和阳台护栏拆除，华新牌水泥砂浆界面修补，人工、主材、辅料全包 |
| 6 | 水管包管套 | 根 | 4 | 160 | 640.00 | 成品水泥板包管套，卫生间与厨房水管包管套，人工、主材、辅料全包 |
| 7 | 施工耗材 | 项 | 1 | 1000 | 1000.00 | 电动工具损耗折旧、耗材更换、钻头、砂纸、打磨片、切割片、脚手架梯、墨线盒、操作台、编织袋、泥桶、水桶水箱、扫帚、铁锹、劳保用品等，人工、主材、辅料全包 |
| | 合计 | | | | 3614.00 | |

......

★**补充要点**

**施工条件准备**

　　施工条件准备就是为顺利施工做好必要的准备工作。如搭设临时设施（仓库、加工棚、办公用房、职工宿舍等）、施工用水、施工用电等各项作业条件的准备，以及装饰工程施工的测量及定位放线、设置的永久性坐标与参照点等。

★**课后练习**

　　1. 简述我国装饰企业的设计资质及施工资质的类别和相关要求。

　　2. 详细解释建设项目以及建设项目的组成内容。

　　3. 简述装饰工程的施工程序以及其组成内容。

　　4. 简述装饰施工准备工作的主要内容。

　　5. 上网查询一些著名装饰企业，了解其相关资质等级。

　　6. 查看不同装饰企业的工程预算，并了解其不同。

　　7. 了解施工前准备的工具及其用途并拍照存档。

# 第二章　合同管理与施工采购管理

PPT 课件，请在
计算机上阅读

**学习难度：** ★ ★ ☆ ☆ ☆
**重点概念：** 工程采购、索赔管理、合同管理

## 章节导读

　　合同管理是工程项目管理中的重要内容之一。施工合同管理是对工程施工合同的签订、履行、变更、解除等进行策划和控制的过程。在装饰项目进行材料采购的过程中，可根据项目装饰材料的数量及分布进行不同方法的材料采购；在合同履行过程中会遇到各种各样的不可预见的事件，造成索赔的发生，通过系统地学习本章节，能够运用所学知识解决实际上的问题。

　　装饰工程的采购主要集中在现场的装饰材料、设备以及成品或成套的家具设施等（图 2-1）。在这些物质中尤以材料和设备所占的比例较大。项目采购管理是项目管理的重要组成部分，贯穿整个装饰全过程，项目采购管理的模式直接影响项目管理的模式和项目合同类型的取定，因此尤为重要。

图 2-1　采购家具

合同的计价方式和支付方式、合同履行过程中的管理与控制、合同索赔和第三方索赔等一系列事项。

## 第一节　工程合同管理

### 一、工程合同概述

合同管理是工程项目管理中的重要内容之一。施工合同管理是对工程施工合同的签订、履行、变更、解除等进行策划和控制的过程，主要内容有：根据装饰项目的特点和要求确定施工承包模式以及合同结构、选择合同的文本、确定

#### 1. 装饰工程合同主要内容

在装饰工程领域，常用的装饰工程合同有很多类型，有勘察设计合同、装饰工程总承包合同、装饰施工合同、劳务分包合同、物资采购合同等。这里主要介绍施工合同的内容，因为装饰项目采用的多是施工合同文本。

（1）装饰施工合同的结构　合同的结构由合同首部、合同条款、合同尾部构成（图2-2）。

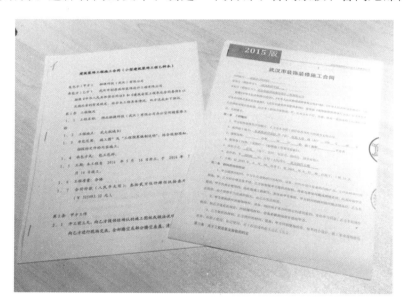

图 2-2　施工合同

1）合同首部。包括合同名称，当事人双方的完整名称，法定代表人的名称，合法代理人的名称，合同标的过渡，合同法律背景陈述。

2）合同条款。合同条款分为主要条款、一般条款、选用条款。主要条款（一般应具备的条款）包含内容如下。

① 当事人的名称（或姓名）和场所；

② 标的（即客体）；

③ 数量；

④ 质量；

⑤ 价款和报酬；

⑥ 履行的期限、地点和方式；

⑦ 违约责任以及争议解决的途径。

其中必备条款有：标的和数量；一般条款包含有风险条款，合同的适用法律条款，争议的解决方式条款，合同转让条款；选用条款包含定义条款，合同所使用的语言文字条款，合同前文件条款等。

3）合同尾部。合同尾部用于当事人双方签字或盖章，法定代表人签字或盖章，合法代理人的签字或盖章，依法必须办理的相关手续和已办理的证据以及其他相关信息等。

（2）装饰施工合同的基本形式 装饰施工合同的基本形式是合同关系，包括直接的合同关系和间接的合同关系，即建立在法律基础上的权利义务关系（债权债务关系）。

（3）装饰施工合同示范文本的组成

①施工合同文件的组成及解释顺序；

②履约中洽商、变更等书面协议或文件；

③施工合同协议书；

④中标通知书；

⑤投标书及其附件；

⑥施工合同专用条款；

⑦施工合同通用条款；

⑧标准、规范及有关技术文件；

⑨图纸；

⑩工程量清单；

⑪工程报价单或预算书。

（4）施工合同文件的通用条款的主要内容

为了规范和指导合同当事人双方的行为，避免合同纠纷，解决合同文本不规范、条款不完备、执行过程纠纷多等一系列问题，国际工程界许多著名组织（如 FIDIC – 国际咨询工程师联合会、AIA—美国建筑师学会、AGC—美国总承包商会、ICE—英国土木工程师学会、世界银行等）都编制了指导性的合同示范文本，规定了合同双方的一般权利和义务，对引导和规范建设行为起到非常重要的作用。

中华人民共和国原建设部和国家工商行政管理总局根据工程建设的有关法律、法规，总结我国 1991 年版《建设工程施工合同示范文本》（GF-91-0201）推行的有关经验，结合我国建设工程施工合同的实际情况，并借鉴国际上通用的土木工程施工合同的成熟经验和有效做法，于 1999 年 12 月 24 日颁发了修改的《建设工程施工合同示范文本》（GF-99-0201）。该文本适用于各类公用建筑、民用住宅、工业厂房、交通设施及路线、管道的施工和设备安装等工程。装饰合同示范文本也一直沿用此文本。

**2. 建设工程项目合同类型**

在这里主要讲述工程施工合同的分类（图 2-3）。

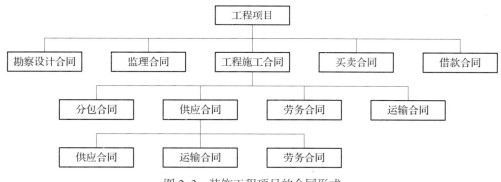

图 2-3 装饰工程项目的合同形式

装饰工程施工合同可以按照不同的方法加以分类，按照施工合同的计价方式可以分为单价合同、总价合同和成本加酬金合同三大类。

（1）单价合同 当发包工程的内容和工程量以及时间尚不能明确、具体地点难以确定时，则可以采用单价合同形式，即根据计划工程内容和估算工程量，在合同中明确每项工程合同内容的单位价格（如每米、每平方米或者每立方米的价格），实际支付时则根据实际完成的工程量乘以合同单价计算应付的工程款。

1）单价合同的特点是单价优先。例如在土木工程施工合同中，业主给出的工程量清单表中的数字是参考数字，而实际工程款则按实际完成的工程量和承包商投标时所报的单价计算。虽然在投标报价、评标以及签订合同中，人们常常注重总价格，但在工程款结算中以单价优先，对于投标书中明显的数字计算错误，业主有权利先做修改再评标，当总价和单价的计算结果不一致时，以单价为准调整总价（表2-1）。

表2-1                           某装饰工程分项报价汇总表

| 单价 | 工程分项 | 单位 | 数量 | 单价/元 | 合价/元 |
|---|---|---|---|---|---|
| 1 | 石膏板吊顶 | m² | 1200 | 145 | 174000 |
| 2 | 墙顶面乳胶漆 | m² | 2860 | 28 | 80080 |
| 3 | 木质储物柜 | m² | 95 | 560 | 53200 |
| 4 | 楼地面花岗石 | m² | 1000 | 300 | 300000 |
| ... | | | | | |
| 总报价 | | | | | 8100000 |

2）单价合同的分类。分为固定单价合同和变动单价合同。

① 固定单价合同。无论发生哪些影响价格的因素都不对单价进行调整，因而对承包商而言就存在一定的风险。在固定单价合同条件下，一般适用于工期较短、工程量变化幅度不会太大的项目。

② 变动单价合同。当采用变动单价合同时，合同双方可以约定一个估计的工程量，当实际工程量发生较大变化时可以对单价进行调整，同时还应该约定如何对单价进行调整；当然也可以约定，当通货膨胀达到一定水平或者国家政策发生变化时，可以对哪些工程内容的单价进行调整以及如何调整等。因此，承包商的风险就相对较小。

在工程实际中，采用单价合同有时也会根据估算的工程量计算一个初步的合同总价作为投标报价和签订合同的参考文件。但是当上述初步合同的总价与各项单价乘以实际完成工程量之和发生矛盾时，则肯定以后者为准，即单价优先。实际工程款的支付也将以实际完成工程量乘以合同单价进行计算。

（2）总价合同

1）总价合同的特点。总价合同是指根据合同规定的工程施工内容和有关条件，业主应付给承包商的款额是一个规定的金额，即明确的总价。总价合同也称为总价包干合同，即根据施工招标时的要求和条件，当施工内容和有关条件不发生变化时，业主付给承包商的价款总额就不发生变化。如果由于承包方的失误导致投标价计算错误，合同总价也不予调整。总价合同的特点如下：

① 发包单位可以在报价竞争状态下确定项目的总造价，可以较早确定或者预测工程成本；

② 业主的风险较小，承包方将承担较多的风险；

③ 评标时易于迅速确定最低报价的投标人；

④ 在施工进度上能极大地调动承包方的工作；

⑤ 发包单位能更容易、更有把握地对项目进行控制；

⑥ 必须完整而明确地规定承包方的工作；

⑦ 必须将设计的施工方面的变化控制在最小限度内。

2）总价合同的分类。分固定总价和变动总价合同两种。

① 固定总价合同。固定总价合同的价格计算是以图纸及规定、规范为基础，工程任务和内容明确，业主的要求和条件清楚，合同总价一次包死，固定不变，即不以人为环境的变化和工程

量的增减而变化。在这类合同中承包商承担了全部的工作量和价格的风险，因此，承包商在报价时对一切费用的价格变动因素以及不可预见因素都做了充分估计，并将其包含在合同价格之中。

采用固定总价合同，双方结算比较简单，但是由于承包商承担了较大的风险，因此报价中不可避免地要增加一笔较高的不可预见风险费。承包商的风险主要有两方面：一是价格风险，二是工作量风险。

价格风险有报价计算错误、漏报项目、物价和人工费上涨等；工作量风险有工程量计算错误、工程范围不确定、工程变更或者由于设计深度不够所造成的误差等。

固定总价合同适用于以下情况：工程量小、工期短，估计在施工过程中环境因素变化小、工程条件稳定并合理；工程设计详图、图纸完整、清楚，工程任务和范围明确；工程结构和技术简单，风险较小；投标期相对宽裕，承包商可以有充足的时间详细考察现场，复核工程量，分析招标文件，拟定施工计划；合同条件中双方的权利和义务十分清楚，合同条件完备。

② 变动总价合同。又称为可调总价合同，合同价格是以图纸及规定、规范为基础，按照时价进行计算，得到包括全部工程任务和内容的暂定合同价格。

3）总价合同的应用。采用总价合同时，对发包工程内容及其各种条件都应基本清楚、明确；否则，承发包双方都有蒙受损失的风险。因此，一般在施工图设计完成，施工任务和范围比较明确，业主的目标、要求和条件都清楚的情况下才采用总价合同，对业主来说，由于设计花费时间长，因而开工时间较晚，开工后的变更容易带来索赔，而且在设计工程中也难以吸收承包商的建议。

总价合同和单价合同有时在形式上很相似，例如，在有的总价合同的招标文件中也有工程量表，也要求承包商提出各分项工程的报表，与单价合同在形式上很相似，但两者在性质上是完全不同的，总价合同是总价优先，承包商报总价，双方商讨并确定合同总价，最终也按总价结算。

（3）成本加酬金合同

1）成本加酬金合同的定义。成本加酬金合同也被称为成本补偿合同，这是与固定总价合同正好相反的合同，工程施工的最终合同价格将按照工程的实际成本加上一定的酬金进行计算。在签订合同时，工程实际成本往往不能确定，只能确定酬金的取值比例或者计算原则。

2）成本加酬金合同的特点

① 工程特别复杂，工程技术、结构方案不能提前确定；或者尽管可以确定工程技术的结构方案，但是不可以进行竞争性的招标活动并以总价合同或单价合同的形式确定承包商，如研究开发性质的工程项目。

② 时间特别紧迫，如抢险、救灾工程，来不及进行详尽的计划和商谈。

对业主而言，这种合同形式也有一定优点，如可以通过分段施工缩短工期，而不必等待所有施工图完成才开始招标施工；可以减少承包商的对立情绪，承包商对工程变更和不可预见条件的反应比较积极；可以利用承包商的施工技术专家，帮助改进或弥补设计中的不足；业主可以根据自身力量和需要，较深入地介入和控制工程施工和管理；也可以通过确定最大保证价格约束工程成本不超过某一限值，从而转移一部分风险。

对承包商来说，这种合同比固定总价合同的风险低，利润比较有保证，因而比较有积极性。缺点是合同的不确定性大，由于设计未完成，无法准确确定合同的工程内容、工程量以及合同的终止时间，有时难以对工程计划进行合理安排。

3）成本加酬金合同的形式主要有以下几种：

① 成本加固定费用的合同；

② 成本加固定比例费用的合同；

③成本加奖金合同；

④最大成本加费用合同。

4）成本加酬金合同的应用。当实行施工总承包管理模式或CM模式时，业主与施工总承包管理单位或CM单位的合同一般采用成本加酬金合同。

在国际上，许多项目管理合同、咨询服务合同等也多采用成本加酬金的合同方式。

（4）三种合同计价方式的比较与选择 不同的合同计价方式具有不同的特点、应用范围，以及对设计深度的要求也是不同的（见表2-2），合同类型的选择见表2-3。

表2-2 三种合同计价方式的比较

| 项目 | 总价合同 | 单价合同 | 成本加酬金合同 |
| --- | --- | --- | --- |
| 应用范围 | 广泛 | 工程量暂时不确定的工程 | 紧急工程、保密工程等 |
| 业主的投资控制工作 | 容易 | 工作量较大 | 难度大 |
| 业主的风险 | 较小 | 较大 | 很大 |
| 承包商的风险 | 大 | 较小 | 大 |
| 设计深度要求 | 施工图设计 | 初步设计或施工图设计 | 各设计阶段 |

表2-3 合同类型的选择

| 合同类型 | 风险分担 | 选择标准 | | | | | | 备注 |
| --- | --- | --- | --- | --- | --- | --- | --- | --- |
| | | 规模和工期长短 | 竞争情况 | 复杂程度 | 单项工程和明确程度 | 准备时间的长短 | 外部环境因素 | |
| 总价合同 | 风险由承包人分担 | 规模小、工期短 | 激烈 | 低 | 类别和工程量都很清楚 | 高 | 良好 | 实行工程量清单计价的工程，宜采用单价合同 |
| 单价合同 | 风险由承发包双方分担 | 规模和工期适中 | 正常 | 中 | 类别清楚，工程量有出入 | 中 | 一般 | |
| 成本加酬金合同 | 风险由业主分担 | 规模大、工期长 | 不激烈 | 高 | 类别、工程量都不甚清楚 | 低 | 恶劣 | |

★小知识

**转账付款增加风险**

装修人员身份复杂且流动性大，在此情况下，如付款时选择以现金方式支付工程款，则可能出现装修公司称公章被经办人员盗用，收款是经办人员的个人行为，而公司并不知情等情况。

**3. 建设工程项目合同的成立**

施工合同的订立，是指发包人和承包人之间为了建立承发包合同关系，通过对施工合同具体内容进行协商而形成合意的过程。

（1）订立施工合同的基本原则及具体要求

1）平等、自愿原则。所谓平等，是指当事人在合同的订立、履行和承当违约责任等方面都处于平等的法律地位，彼此的权利、义务对等。所谓自愿，是指是否订立合同、与谁订立合同、订立合同的内容以及变更合同等，都要由当事人依法自愿决定。

2）公平原则。所谓公平，是指当事人在订立合同的过程中以利益均衡作为评判标准，该原则最基本的要求是发包人与承包人的合同利益、义务、承担责任要对等，不能显失公平。

3）诚实信用原则。诚实信用，主要是指当事人在缔约时诚实并不欺不诈，在缔约后守信并自觉履行。

4）合法原则。所谓合法，主要是指在合同法律关系中，合同主体、合同的订立形式、订立合同的程序、合同的内容、履行合同的方式、对变更或者解除合同权力的行使等都必须符合我国的法律、行政法规。

（2）订立工程合同的形式和程序

1）订立工程合同的形式。当事人订立合同，有书面形式、口头形式和其他形式。法律、行政法规规定采用书面形式的，当事人约定采用书面形式的，应当采用书面形式。书面形式是指合同书、信件和数据电文（包括电报、电传、传真、电子数据交换和电子邮件）等可以有形地表现所载内容的形式。

建设工程合同涉及面广、内容复杂、建设周期长、标的金额大，《中华人民共和国合同法》规定建设工程合同应当采用书面形式。

2）订立工程合同的程序。建设工程合同订立的一般程序是要约、承诺。

① 要约。要约是希望和他人订立合同的意思，该意思应当符合下列规定：内容具体确定、表明经受要约人承诺，要约人即受该意思表示约束。

要约邀请不同于要约，要约邀请是希望他人向自己发出要约的意思表示，寄送的价目表、拍卖公告、招标公告、招股说明书、商业广告等为要约邀请。

② 承诺。承诺是受要约人同意要约的意思表示。承诺应当具备以下条件：承诺必须由受要约人或其代理人做出；承诺的内容与要约的内容应当一致；承诺需在要约的有效期内；承诺要送达要约人。

承诺可以撤回但是不能撤销。承诺通知到达受要约人时生效；不需要通知的，根据交易习惯或者要约的要求做出承诺的行为时生效。承诺生效时，合同成立。

★补充要点

**合同具有多变性**

装饰工程项目在施工全过程中，常常受到地区、环境、社会政治、政策、项目要素市场及施工等方面的影响。因此，在项目建设过程中经常出现设计变更和进度计划的修改，出现承包合同某些条款的改变。在工程项目合同管理中，要及时洽谈协商变更，并确实保存好这些资料，作为索赔、变更、中止合同的依据。

## 二、工程合同履约管理

合同的履行是指合同各方当事人按照合同的规定，全面履行告知的义务，实现各自的权利，使各方的目的得以实现的行为。

订立合同的目的就在于履行，通过合同的履行而实现各自的某种权益。

合同的履行，是合同当事人双方都应尽的义务。任何一方违反合同，不履行合同义务，或者未完成履行合同义务，给对方造成损失时，都应当承担赔偿责任。

### 1. 工程合同的跟踪与控制

合同签订以后，当事人必须认真分析合同条款，向参与项目实施的有关负责人做好合同交底工作，在合同履行过程中进行跟踪与控制，并参加合同的变更管理，保证合同的顺利履行（图2-4）。

图2-4 工程合同履行

合同中各项任务的执行要落实到具体的项目经理部或具体的项目参与人员身上，承包单位作为履行合同义务的主体，必须对合同执行者（项目经理部或项目参与人）的履行情况进行跟踪、监督和控制，确保合同义务的完全履行。

（1）施工合同跟踪　施工合同跟踪包括两个方面内容，一是承包单位的合同管理职能部门对合同执行者的履行情况进行的跟踪、监督和检查；二是合同执行者本身对合同计划的执行情况进行的跟踪、检查和对比。

对合同执行者而言，应该掌握合同跟踪的以下几方面内容。

1）合同跟踪的依据。首先是依据合同以及依据合同而编制的各种计划文件；其次，还要依据各种实际工程文件，如原始记录、报表、验收报告等；另外，还要依据管理人员对现场情况的直观了解，如现场巡视、交谈、会议、质量检查等（图2-5）。

图2-5　工程合同的跟踪

2）合同跟踪的对象。首先是承包的任务，其中包括工程施工的质量，还包括材料、构件、制品和设备等的质量，以及施工或安装的质量，是否符合合同要求等；其次是工程进度，包括是否在预定期限内施工，工期有无延长，延长的原因是什么等；另外还有调查工程数量，包括是否按合同要求完成全部施工任务，有无合同规定以外的施工任务等；以及成本的增加和减少。

除此之外，还要跟踪工程小组或分包人的工程和工作内容。具体的工程施工任务可以分别交由不同的工程小组或发包给专业分包单位完成，工程承包方必须对这些工程小组或分包人及其所负责的工程进行跟踪检查，协调关系，提出意见、建议或警告，保证工程总体质量和进度。

对专业分包人的工作和负责的工程，总承包商承担有协调和管理的责任，并承担由此造成的损失，所以专业分包人的工作和负责的工程必须纳入总承包工程计划和控制中，防止因分包人工程管理失误而影响全局。

而业主和其委托的工程师的工作包括业主是否及时、完整地提供了工程施工的实施条件，如场地、图纸、资料等；业主和工程师是否及时给予了指令、答复和确认等；业主是否及时并足额地支付了应付的工程款项。

（2）合同控制　通过合同跟踪，可能会发现合同实施中存在着偏差，即工程实施实际情况偏离了工程计划和工程目标，应该及时分析原因，采取措施，纠正偏差避免损失，实施偏差分析，从而进行有效控制。

1）合同实施偏差分析的内容。

① 产生偏差的原因分析。通过对合同执行实际情况与实施计划的对比分析，不仅可以发现合同实施的偏差，而且可以探索引起差异的原因。原因分析可以采用鱼刺图，因果关系分析图（表），成本量差、价差分析等方法定性或定量地进行。

② 合同实施偏差的责任分析。即分析使合同产生偏差的对象，以及应该由谁承担责任。责任分析必须以合同为依据，按合同规定落实双方的责任。

③ 合同实施趋势分析。针对合同实施偏差情况，可以采取不同的措施，应分析在不同措施下合同执行的结果与趋势，如最终的工程状况，包括总工期的延误、总成本的超支、质量标准、

所能达到的生产能力（或功能要求）等；承包商将承担什么样的后果，如被罚款、被清算、甚至被起诉，对承包商资信、企业形象、经营战略的影响等。

2）合同实施偏差处理。根据合同实施偏差分析的结果，承包商应该采取相应的调整措施，调整措施可以分为：

① 组织措施。如增加人员投入，调整人员安排，调整工作流程和工作计划等；

② 技术措施。如变更技术方案，采用新的高效率的施工方案等；

③ 经济措施。如增加投入，采取经济激励措施等；

④ 合同措施。如进行合同变更，签订附加协议，采取索赔手段等。

**2. 工程合同的变更与管理**

合同变更是指合同成立以后和履行完毕以前由双方当事人依法对合同内容进行的修改，包括合同价款、工程内容、工程的数量、质量要求和标准、实施程序等的一切改变都属于合同变更。

工程变更一般是指在工程施工过程中，根据合同约定对施工的程序，工程的内容、数量、质量要求及标准等做出的变更。工程变更属于合同变更，合同变更主要是由于工程变更引起的，合同变更的管理也主要是进行工程变更的管理。

（1）工程变更的原因　工程变更一般主要有以下几个方面的原因：

1）业主新的变更指令，对建筑新的要求，如业主有新的意图，业主修改项目计划、消减项目预算等；

2）由于设计人员、业主、承包商事先没有很好地理解业主的意图，或设计的错误，导致图纸修改；

3）工程环境的变化，预定的工程条件不准确，要求实施方案或实施计划变更；

4）由于产生新技术和知识，有必要改变原设计、原来的实施方案或实施计划，或由于业主指令及业主责任的原因造成承包商施工方案的改变；

5）有关部门对工程新的要求，如国家计划变化、环境保护要求、城市规划变动等；

6）由于合同实施出现问题，必须调整合同目标或修改合同条款（图2-6）。

图 2-6　工程合同变更

（2）工程合同变更的范围和内容　根据国家发展和改革委员会等九部委联合编制的《标准施工招标文件》中的通用合同条款规定，除专用合同条款另有约定外，在履行合同中发生以下情形之一，应该按照本条规定进行变更：

1）取消合同中任何一项工作，但被取消的工作不能转由发包人或其他人实施；

2）改变合同中任何一项工作的质量或其他特性；

3）改变合同工程的基线、标高、位置或尺寸；

4）改变合同中任何一项工作的施工时间或改变已批准的施工工艺或顺序；

5）为完成工程需要追加的额外工作。

在履行合同过程中，承包方可以对发包人提供的图纸、技术要求以及其他方面提出合理化建议。

（3）变更权　根据《标准施工招标文件》中通用合同条款的规定，在履行合同工程中，经发包人同意，业主才可以按照约定的变更程序向承包方做出变更指示，承包方应遵照执行。没有业主方的变更指示，承包方不得擅自变更。

（4）变更程序 根据《标准施工招标文件》中通用合同条款的规定，变更的程序如下。

1）变更的提出。在合同履行过程中，可能发生合同的变更，承包方可能会接到变更意向书。变更意向书应说明变更的具体内容和发包人对变更的时间要求，并附必要的图纸和相关资料。变更意向书应要求承包方提交包括拟实施变更工作的计划、措施和竣工时间等内容的实施方案。发包人同意承包方根据变更意向书要求提交的变更实施方案的，由变更方按合同约定的程序发出变更指示。

2）承包方收到变更方按合同约定发出的图纸和文件，经检查认为其中存在变更情形的，可向业主方提出书面变更建议。变更建议应阐明要求变更的依据，并附必要的图纸和说明。业主收到承包方书面建议后，应与发包人共同研究，确认存在变更的，应在收到承包方书面建议后的14天内做出变更指示。经研究后不同意作为变更的，应由业主方书面答复承包方。

3）若承包方收到业主方的变更意向书后认为难以实施此项变更，应立即通知业主方，变更指示应说明变更的目的、范围、变更内容以及变更的工程量及其进度和技术要求，并附上有关图纸和文件。承包方收到变更指示后，应按变更指示进行变更工作。

（5）承包方的合理化建议 在履行合同过程中，承包方对发包人提供的图纸、技术要求以及其他方面提出的合理化建议，均应以书面形式提交业主方。合理化建议书的内容应包括建议工作的详细说明、进度计划和效益以及与其他工作的协调等，并附上必要的设计文件。业主方应与发包人协商是否采纳建议。建议被采纳并构成变更的，应按合同约定的程序向承包方发出变更指示。承包方提出的合理化建议降低了价格、缩短了工期或者提高了工程经济效益的，发包人可按

国家有关规定在专用合同条款中约定予以奖励。

（6）变更估价 《中华人民共和国标准设计施工总承包招标文件（2012年版）》中通用合同条款有以下规定。

1）除专用合同条款对期限另有约定外，承包方应在收到变更指示或变更意向书后的14天内，向业主方提交变更报价书，报价内容应根据合同约定的估价原则，详细并列出变更工作的价格组成及其依据，并附必要的施工方法说明和有关图纸。

2）变更工作影响工期的，承包方应提出调整工期的具体细节。业主方认为有必要时，可要求承包方提交要求提前或延长工期的施工进度计划及相应施工措施等详细资料。

3）除专用合同条款对期限另有约定外，业主收到承包变更报告书后14天内，根据合同约定的估价原则，与合同当事人商定或确定变更价格。

★小知识
**返还履约保证金及支付利息**

如果项目是经过招标投标，导致施工合同无效，按照合同法第58条的规定，因合同无效取得的财产，应当予以返还。因此，履约保证金肯定是可以要回的。工程虽未竣工验收，但若已完工程量质量合格的，一般还是可以参照合同约定结算工程价款。进度款利息肯定不能按约主张，已完工程量的利息是否可从起诉之日起算可能会存在争议。

3. **工程合同的信息管理**

（1）工程合同信息管理的内容 工程合同信息包括合同前期信息、合同原始信息、合同跟踪信息、合同变更信息、合同结束信息。合同前期信息主要包括工程项目招标信息；合同原始信息包括合同名称、合同类型、合同编码、合同主体、合同标的、商务条款、技术条款、合同参

与方、关联合同等静态数据；合同跟踪信息包括合同进度、合同费用（投资/成本）、合同确定的项目质量等动态数据；合同变更信息包括合同变更参与方提出的变更建议、变更方案、变更指令、变更引起的标的变更；合同结束信息包括合同支付、合同结算、合同评价信息、合同归档信息。

（2）工程合同信息管理的特点

1）工程合同信息管理具有生命周期。主要包括合同前期的工程招投标阶段、项目合同执行阶段、项目合同结束阶段。因此，工程合同管理信息系统的信息管理应该覆盖从招投标到合同结束的全过程。

2）工程合同信息管理是工程项目管理信息系统的一个组成部分。工程项目管理信息系统包括工程项目范围管理、进度管理、费用管理、质量管理、合同管理、安全管理、质量管理等子系统。

3）工程合同信息管理涉及项目各参与方。工程合同根据不同的类型，有两方合同、三方合同；围绕一个工程项目合同，有多个合同的参与方。

4）工程合同信息管理具有动态性。工程合同信息在全生命周期中不是静态的，随着项目的进展，合同的目标信息（进度信息、费用信息、质量信息）不断更新。如果合同条件发生变化，合同信息也就随之发生变更。为了控制合同执行，需要根据合同的实际信息和合同变更信息对合同风险进行分析，调整项目管理对策。因此，合同信息的动态特性是合同信息管理系统设计的重要依据。

5）工程合同信息管理具有"协同性"。工程合同信息管理的"协同性"体现在项目各参与方围绕同一个合同协同处理合同信息。合同信息管理必须与进度信息管理、费用信息管理、质量信息管理、范围信息管理等进行协同；合同信息管理应该与知识库管理、数据库管理、沟通管理等进行协同。

6）工程合同信息管理具有网络特性。合同各参与方的办公地点不在同一个区域，而合同管理的"协同"又要求他们打破"信息孤岛"，同时进行信息处理，共享合同信息。因此，合同信息管理要求各参与方通过网络联通，共同处理相关的合同信息，合同信息管理系统的网络可以是"广域网"，可以是各参与方的"intranet"组成的合同管理的"extranet"，可以是"虚拟专用网络VPN"，也可以通过"合同信息管理门户网站""项目管理门户网站"进行合同信息管理，甚至可以通过"项目管理信息门户PIP"进行合同信息管理。

★补充要点

**工程合同变更的复杂性**

装饰工程合同中约定工程变更的原因是装饰工程具有复杂性。装饰项目施工复杂：工程结构复杂；空间上固定，具有唯一性；采用期货交易，工期长；受外界因素影响很大，不利的自然界、社会条件会给工程带来巨大的损失。

### 三、工程合同的索赔管理

工程合同索赔通常是指在工程合同履行过程中，合同当事人一方因对方不履行或未能正确履行合同，或者由于其他非自身因素而受到经济损失或权利损害，通过合同规定的程序向对方提出经济或时间补偿要求的行为。索赔是一种正当的权利要求，它是合同当事人之间一项正常而且普遍存在的合同管理业务，是一种以法律和合同为依据的合情合理的行为。

工程施工承包合同执行过程中，业主可以向承包商提出索赔要求，承包商也可以向业主提出索赔要求，即合同的双方都可以向对方提出索赔要求。当其中一方向另一方提出索赔要求，被索赔方采取适当的反驳、应对和防范措施时，称为反索赔。

### 1. 索赔的概念与分类

索赔是当事人在合同实施过程中，根据法律、合同规定及惯例，对不应由自己承担责任的情况造成的损失，向合同的另一方当事人提出给予补偿或补偿要求的行为。在工程建设的各个阶段，都有可能发生索赔，但在施工阶段索赔发生较多，对施工合同的双方来说，都有通过索赔维护自己合法权益的权利，依据双方约定的合同责任，构成正确履行合同义务的制约关系（图 2-7）。

图 2-7 根据合同条款进行工程索赔

（1）索赔的特征 从索赔的基本概念的理解，可以看出索赔具有以下基本特征。

1）索赔是双向的，不仅承包人可以向发包人索赔，发包人同样也可以向承包人索赔。

2）只有实际发生了经济损失或权利受损害，一方才能向对方索赔。经济损失是指因对方因素造成合同外的额外支出，如人工费、材料费、管理费等额外开支；权利受损害是指虽然没有经济上的损失，但造成了一方权利上的损害，如由于恶劣气候条件对工程进度的不利影响，承包人有权要求工期延长等。

3）索赔是一种未经对方确认的单方行为，它与通常所说的工程签证不同，在施工过程中签证是承发包双方就额外费用补偿或工期延长等达成一致的书面证明材料和补充协议。它可以直接做成工程款结算或最终增减工程造价的依据。而索赔只是单方面行为，对对方尚未形成约束力，

这种索赔要求能否得到最终实现，必须要通过确认（如双方协商、谈判、调解或仲裁、诉讼）后才能实现。

（2）施工索赔的分类

1）按索赔的合同依据分类

① 合同中明示的索赔；

② 合同中默示的条款。

2）按索赔目的分类

① 工期索赔；

② 费用索赔。

3）按索赔事件的性质分类

① 工程延误索赔；

② 工程变更索赔；

③ 合同被迫终止的索赔；

④ 工程加速索赔；

⑤ 意外风险和不可预见因素索赔；

⑥ 其他索赔：如因货币贬值、汇率变化、物价、工资上涨、政策法令变化等原因引起的索赔。

（3）索赔的起因 引起工程索赔的原因非常多和复杂，主要有以下几方面。

1）工程项目的特殊性。

2）工程项目内外部环境的复杂性和多变性。

3）参加建设主体的多元性。

4）工程合同的复杂性极易出错性。

在装饰工程领域中，最常见的索赔原因有以下几种。

1）工程项目自身特点。如货币的贬值、地质条件的变化、自然条件的变化等。

2）当事人违约。发包人违约主要表现为未按照合同约定的期限为承包人提供合同约定的施工条件和一定数额的付款等。工程师未能按照合同约定定时发出图纸、指令等也视为发包人违约。承包人违约的表现主要是没有按照合同约定的期限、质量完成施工，或由于不当行为给发包人造成其他损害。

3）不可抗力事件。不可抗力事件可以分为

社会事件和自然事件。社会事件主要包括国家政策、法令、法律的变化，战争、罢工等。自然事件则是指不利的客观障碍和自然条件，在工程项目施工过程中遇到了经现场调查无法发现、业主提供的资料中也没有提到的、无法预料的情况，如地质断层、地下水等。

4）合同缺陷。表现为合同文件规定的不严谨甚至先后矛盾，合同中的遗漏或错误，双方对合同理解的差异，常会对合同的权利和义务的范围、界限的划定不一致，导致合同争执，而引起索赔事件的发生。

5）合同变更。主要有施工图设计变更、施工方法变更、合同其他规定变更、追加或者取消某些工作等。

6）工程师指令。如工程师指令承包人更换某些材料、进行某项工作、加速施工、采取某些施工措施等。

**2. 索赔的依据与证据**

（1）索赔的依据

1）索赔的依据主要有合同文件、法律、法规、工程建设惯例。

2）提出索赔的依据有以下几个方面：

① 招标文件、施工合同文本及附件，其他各签约（如备忘录、修正案等），经认可的工程实施计划，各种工程图纸、技术规范等；

② 双方的往来信件及各种会谈记录；

③ 进度计划和具体的进度以及项目现场的有关文件；

④ 气象资料、工程检查验收报告和各种技术鉴定报告，工程中送电、停电、送水、停水、道路开通和封闭的记录和证明；

⑤ 国家有关法律、法令、政策文件，官方的物价指数、工资指数，各种会计核算资料，材料的采购、订货、运输、进场、使用方面的凭据。

（2）索赔的证据　索赔证明是当事人用来支持其索赔成立或索赔有关的证明文件和资料。索赔证据作为索赔文件的组成部分，在很大程度上关系到索赔的成功与否。证据不全、不足或没有证据，索赔是很难获得成功的。

（3）索赔成立的条件　索赔的成立，应该同时具备以下几个前提条件。

1）与合同对照，事件已造成了承包人工程项目成本的额外支出，或直接工期损失；

2）造成费用增加或工期损失的原因，按合同约定不属于承包人的行为责任或风险责任；

3）承包人按合同规定的程序和时间提交索赔意向通知和索赔报告。

以上几个条件必须同时具备，缺一不可。

---

**★小知识**

**工 期 延 误**

在施工过程中遇到一些因装饰单位原因造成的工期延误，如因装饰单位未及时提供必要的设计图纸等造成停工的情况，根据《合同法》关于合同协作履行的原则：当事人之间要互通情况，互相照顾，及时向对方介绍履行的进程，以便及时发现问题，迅速解决问题。

---

**3. 索赔的程序**

在施工过程中，工程施工中承包人向发包人索赔，发包人向承包人索赔以及分包人向承包人索赔的情况都有可能发生，以下主要说明承包人向发包人索赔的一般程序。

（1）索赔意向通知　在工程施工过程中发生索赔事件以后，或者承包人发现索赔机会，首先要提出索赔意向，即在合同规定时间内将索赔意向用书面形式通知发包人或者工程师，向对方表明索赔愿望，要求或者声明保留索赔权利，这是索赔工作程序的第一步。在索赔资料准备阶段，主要工作有以下几方面。

1）跟踪和调查干扰事件，掌握事件产生的

详细经过；

2）分析干扰事件产生的原因，划清各方责任，确定索赔根据；

3）损失或损害调查分析与计算，确定工期索赔和费用索赔值；

4）收集证据，获得充分而有效的各种证据；

5）起草索赔文件（索赔报告）。

索赔程序流程图如图2-8所示。

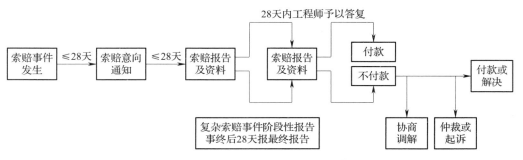

图2-8　索赔程序流程图

（2）索赔资料的准备

1）索赔文件

① 总述部分；

② 论证部分。论证部分是索赔报告的关键部分，其目的是说明自己有索赔权，是索赔能否成立的关键；

③ 索赔款项（或工期）计算部分。如果说索赔报告论证部分的任务是解决索赔权是否能够成立，款项计算则是为了解决能索赔多少款项。前者定性，后者定量；

④ 证据部分。要注意引用的每个证据的效力或可信程度，对重要的证据资料最好附以文字说明，或附以确认件。

2）编写索赔文件（索赔报告）应该注意以下几个方面的问题：

① 责任分析应清楚、准确。应该强调：引起索赔的事件不是承包商的责任，事件具有不可预见性，事发以后尽管采取了有效措施也无法制止，索赔事件导致承包商工期拖延、费用增加的严重性，索赔事件与索赔额之间的直接关系等；

② 索赔额的计算依据要准确，计算结果要准确。要用合同规定或法规规定的公认合理的计算方法，并进行适当的分析；

③ 提供充分有索赔文件效应的证据材料（图2-9）。

图2-9　提供充分证据到相关部门
按照法律程序进行索赔

（3）索赔文件的提交　索赔文件应按照规定的时间按时提交。

★补充要点

**索赔报告的格式和内容**

工程施工索赔报告是进行工程索赔的关键性书面文件，既不需要过多无用的叙述，又不能缺少必要的内容。根据众多工程施工索赔的实践经验，在一般情况下主要包括：致业主的信件、索赔报告正文和索赔事件始末三个部分。

（4）索赔文件的审核　对于承包人向发包人发起的索赔请求，索赔文件应该交由工程师（监理人）审核。工程师（监理人）根据发包人的委托或授权，对承包人的索赔要求进行审核和质疑，审核的质疑主要围绕以下几个方面：

1）索赔事件是属于业主，监理工程师的责任，还是第三方的责任；

2）事实和合同的依据是否充分；

3）承包商是否采取了适当的措施避免或减少损失；

4）是否需要补充证据；

5）索赔计算是否正确、合理。

## 四、物资采购合同管理

工程物资采购合同管理是对物资采购合同从签订到实施和合同终止全过程的一项综合管理过程。

### 1. 材料采购合同管理

（1）工程物资采购合同概述

1）物资采购合同的概念。物资采购合同是指平等主体的自然人、法人、其他组织之间，为实现建设工程物资买卖，设立、变更、终止相互权利义务关系的协议。

物资采购合同属于买卖合同，具有买卖合同的一般特点。

① 出卖人与买受人订立买卖合同，是以转移财产所有权为目的；

② 买卖合同的买受人取得的财产所有权，必须支付相应的价款；出卖人转移财产所有权，必须以买受人支付价款为对价；

③ 买卖合同是双向有偿合同。所谓双向有偿是指合同双方互负一定义务，出卖人应当保质、保量，按期交付合同订购的物资、设备，买受人应当按合同约定的条件接收货物并及时支付货款；

④ 买卖合同是诺成合同。除了法律有特殊规定的情况外，当事人之间意思表示一致，买卖合同即可成立，并不以实物的交付为合同成立的条件。

2）物资采购合同的特点。物资采购合同与项目的建设密切相关，特点主要表现为以下几点。

① 物资采购合同的当事人。物资采购合同的买受人即采购人，可以是发包人，也可以是承包人，依据施工合同的承包方式来确定。永久工程的大型设备一般情况下由发包人采购。施工中使用的建筑材料采购责任，按照施工合同专用条款的约定执行，通常分为发包人负责采购供应；承包人负责采购，包工包料承包。采购合同的出卖人即供货人，可以是生产厂家，也可以是从事物资流转业务的供应商；

② 物资采购合同的标的。物资采购合同的标的品种繁多，供货条件差异较大；

③ 物资采购合同的内容。物资采购合同涉及的条款繁简程序差异较大。材料采购合同的条件一般限于物资交货阶段，主要涉及交接程序、检验方式和质量要求、合同价款的支付等。大型设备的采购，除了交货阶段的工作外，往往还需要包括设备生产阶段、设备安装调试阶段、设备试运阶段、设备性能达标检验和保修等方面的条款约定；

④ 物资采购供应合同与施工精度密切相关，出卖人必须严格按照合同约定的时间交付订购的货物。延误交货将导致工程施工的停工待料，不能使建设项目及时发挥效益（图2-10）。提前交货通常买受人也不同意接受，一方面货物将占用施工现场有限的场地影响施工，另一方面增加了买受人的仓储保管费用。

图2-10　采购货物后需按时交付订购货物

★小知识

**工程采购内控**

1）报价要细分，施工要有明确的工程量和单价，以及有关附加费用的计算方法和依据；

2）密切关注市场价格的变动，一些机构会定期发布，或者公司内部的采购部门会定期收集市场价格，这可以作为参考。

（2）材料采购合同的主要内容。按照《中华人民共和国合同法》的分类，材料采购合同属于买卖合同，按照国内物资购销合同的示范文本规定，合同条款应包括以下几方面内容：

1）产品名称、商标、型号、生产厂家、订购数量、合同金额、供货时间及每次供应数量；

2）质量要求的技术标准、供货方对质量负责的条件和期限；

3）交（提）货地点、方式；

4）运输方式及到站、港和费用的负担责任；

5）合理损耗及计算方法；

6）包装标准、包装物的供应与回收；

7）验收标准、方法及提出异议的期限；

8）随机备品、配件工具数量及供应方法；

9）结算方式及期限；

10）如需提供担保，另立合同担保书作为合同附件；

11）违约责任；

12）解决合同争议的方法；

13）其他约定事项。

**2. 设备采购合同管理**

（1）设备采购合同的主要内容　设备采购合同指采购方（通常为业主，也可能是承包人）与供货方（大多为生产厂家，也可能是供货商）为提供工程项目所需的大型复杂设备而签订的合同。设备采购合同的标的物可能是非标准产品，需要专门加工制作，也可能虽为标准产品，但技术复杂而市场需求量较小，一般没有现货供应，待双方签订合同后由供货方专门进行加工制作，因此属于承揽合同的范畴。一个较为完备的设备采购合同，通常由合同条款和附件组成。

1）合同条款的主要内容。当事人双方在合同内根据具体订购设备的特点和要求，约定以下几方面的内容：合同中的词语定义；合同标的；供货范围；合同价格；付款；交货和运输；包装与标记；技术服务；质量监造与检验；安装、调试和验收；保证与索赔；保险；税费；分包与外购；合同的变更、修改，中止和终止；不可抗力；合同争议的解决；其他。

2）主要附件。为了对合同中某些约定条款涉及内容较多部分做出更为详细的说明，还需要编制一些附件作为合同的一个组成部分。附件通常可能包括：技术范围；供货范围；技术资料的内容和交付安排；交货进度；监造，检验和性能验收试验；价格表；技术服务的内容；分包和外购计划；大部件说明表等。

（2）承包的工作范围　复杂设备的采购在合同内约定的供货方承包范围可能包括以下内容：

1）按照采购方的要求对生产厂家定型设计图纸的局部修改；

2）设备制造；

3）提供配套的辅助设备；

4）设备运输；

5）设备安装（或指导安装）；

6）设备调试和检验；

7）提供备品、备件；

8）对采购运行方的管理和操作人员的技术培训等。

由于装饰工程项目的设备采购涉及的金额数量在总价中所占份额不高，这里我们不展开介绍。

（3）设备管理的工作内容　主要指委托有资质的建造单位对供货方提供合同设备的制造、施工和安装过程进行监督和协调。

---

★补充要点

**采购要议价**

经过比价环节后，筛选出价格最适当的二至三个报价环节。随着进一步的深入沟通，不仅可以将详细的采购要求传达给供应商，而且可进一步"杀价"，供应商的第一次报价往往含有"水分"。但是，如果采购物品为卖方市场，即使是面对面地与供应商议价，最后所取得的实际效果可能要比预期的要低。

---

## 第二节　装饰施工采购管理

### 一、采购管理概述

#### 1. 装饰工程采购范围

装饰工程的采购主要集中在现场的装饰材料、设备及成品或成套的家具设施等，在这些物质中尤以材料和设备所占的比例较大。

材料和设备的采购主要以装饰施工图为依据，根据工程的特点、材料的性能、质量标准、适用范围和业主的要求进行采购；施工方需要掌握材料的最新动态、质量、价格、供货能力的信息，优选供货厂家，确保质量好、价格低的材料资源，从而保证工程的质量，降低工程造价。

#### 2. 项目采购管理的工作程序

为了规范项目部的采购管理活动，采购部门应该制定详细的采购管理工作程序（图2-11），一般分为以下程序。

1）明确采购产品或服务的基本要求，明确采购分工以及有关责任。

2）进行合理的采购策划，编制采购计划。

3）进行市场调查，选择合格的产品供应商或者分供方，建立项目部的采购清单。

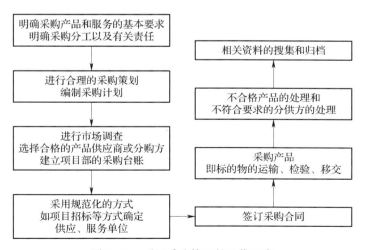

图 2-11　项目采购管理的工作程序

4）采用规范化的方式，如项目的招标或者协调等方式确定供应或服务单位。

5）签订采购合同。

6）进行采购产品，即标的物的运输、检验、移交。

7）不合格产品的处理或不符合要求的分供方的处理。

8）相关资料的收集和归档。

### 3. 采购管理的作用

由于项目采购活动要占用大量的资源，包括人力、财力等来获取工程项目，以及项目实施相关的货物与服务等，因此，对这一过程的管理不仅关系到工程项目的质量、进度等，而且关系到工程项目投入与产出的关系，从而直接影响到项目收益，影响到各参与方的经济利益。

---

★小知识

**选购装饰石材**

选用合适的装饰石材，一般应该重点考虑两个因素：

第一是使用的部位：是建筑物的室内还是室外，是厅堂还是厨房或者卫生间，以便确定选用大理石板材或花岗石板。第二是颜色：天然装饰石材红、黄、绿、黑、白各色均有，但绝大多数均是复合色，单一色泽的目前仅有黑色花岗石。

---

## 二、采购计划

采购计划是指企业采购部门通过识别确定项目所包含的需从项目实施组织外部得到的产品或服务，并对其采购内容做出合乎要求的计划，以利于项目能够更好地实施。

### 1. 采购计划的编制依据

采购计划的编制依据是：项目合同、设计文件、采购管理制度、项目管理实施规划（含进度计划）、工程材料需求或备料计划等。

### 2. 项目采购计划的内容

产品的采购应按计划内容实施，在品种、规格、数量、交货时间、地点等方面应与项目计划相一致，以满足项目需要。项目采购计划应包括：项目采购工作范围、内容及管理要求；项目采购信息，包括产品或服务的数量、技术标准和质量要求；检验方式和标准；供应方资质审查要求；项目采购控制目标及措施。

### 3. 采购计划的编制结果

采购计划编制完成后就会形成采购管理计划和采购工作说明书。

采购管理计划是管理采购过程的依据，应指出采购采用的合同类型、如何对多个供货商进行良好的管理等。采购工作说明书应详细说明采购项目的有关内容，为潜在的供货商提供一个自我评判的标准，以便确定是否参与该项目。

## 三、采购方式

在装饰工程项目的实施过程中，对物资采购的方式的选取一般分为招标和非招标方式。

### 1. 招标采购

（1）招标采购范围 《中华人民共和国招标投标法》明确规定："在中华人民共和国境内进行下列工程建筑项目，包括项目的勘察、设计、施工、监理及工程建筑有关的重要设备、材料等的采购，必须进行招标。"

1）大型基础设备、公用事业等关系社会公共利益、公众安全的项目必须进行招标；

2）全部或部分使用国有资金投资或者国家融资的项目必须进行招标；

3）使用国际组织或者外国政府贷款、援助资金的项目必须进行招标。

为了进一步明确招标范围，国家计委在颁发的《工程建筑项目招标范围和规模标准规定》中规定以上招标范围的项目勘察设计、施工、监理以及与工程有关的重要设备、材料等的采购，达到下列标准之一的必须进行招标。

1）施工单项合同估算价在 200 万元人民币以上的必须进行招标；

2）重要设备、材料等货物的采购，单项合同估算价在 50 万元人民币以上的必须进行招标；

3）勘察、设计、监理等服务的采购，单项合同估算价在 100 万元人民币以上的必须进行招标；

4）单项合同估算价低于前三项规定的标准，但项目总投资额在 3000 万元人民币以上的必须进行招标。

（2）招标采购的程序

1）刊登采购公告。可分为两步：一是刊登招标采购的总公告；二是刊登具体招标公告。对于国内竞争性招标，其投标机会只需以国内广告的形式发出。

2）资格预审。根据《建筑工程施工招标文件范本》中关于建设工程施工招标资格预审文件的规定，投标人应当提交如下资料以方便招标人进行资格预审。以下是资格预审的内容。

① 有关确立法律地位原始文件的副本（包括营业执照、资质等级证书和非本国注册的企业经建设行政主管部门核准的资质条件）；

② 企业在过去 3 年完成的与本合同相似的工程的情况和现在正在履行的合同的工程情况；

③ 管理和执行本合同拟配备的人员情况；

④ 完成本合同拟配备的机械设备情况；

⑤ 企业财务状况资料，包括最近 2 年经过审计的财务报表，下一年度财务预测报告；

⑥ 企业目前和过去 2 年参与或涉及诉讼的材料；

⑦ 如为联合体投标人，还应提供联合体协议书和授权书。

以下是资格预审的程序。

① 编制资格预审文件；

② 邀请有资格参加预审的单位参加资格预审；

③ 发售资格预审文件；

④ 提交资格预审申请；

⑤ 资格评定、确定参加投标的单位名单；

3）编制招标文件。项目采购单位或项目采购单位委托的招标代理机构应充分利用已出版的各种招标文件范本，从而加快招标文件编制的速度，提高招标文件编制的质量。

4）刊登具体招标通告。项目采购单位或项目采购单位委托的招标代表机构在发行资格预审文件或招标文件之前，必须在借款者所属国的国内广泛发行的报纸或官方杂志上刊登资格预审或招标通告作为具体采购通告。招标通告应包括以下内容：

① 借款国名称；

② 项目名称；

③ 采购内容简介（包括工程地点、规模、货物名称、数量）；

④ 资金来源；

⑤ 交货时间或竣工工期；

⑥ 对合格货源所属国的要求；

⑦ 发售招标文件的单位名称、地址以及文件售价；

⑧ 投标截止日期和地点的规定；

⑨ 投标保证金的金额要求；

⑩ 开标日期、时间、地点。

5）发售招标文件。

6）投标。

① 投标准备。为了招标工作的顺利进行，项目采购单位或项目采购单位委托的招标代理机构一定要做好投标前的准备工作。其中包括：项目采购单位或项目采购单位委托的招标代理机构要根据以往经验和实际情况合理确定投标文件的编制时间；对大型工程和复杂设备的招标采购工作，项目采购单位或项目采购单位委托的招标代

理机构要组织标前会和现场考察；项目采购单位或项目采购单位委托的招标代理机构对投标人提出的书面问题要及时予以答复，并以答疑书的形式发给所有投标人，以示公平。

② 投标文件的提交，主要内容包括：投标文件需在招标文件中规定的投标截止时间之前予以提交；项目采购单位或项目采购单位委托的招标代理机构在收到投标书后，要进行签收，并做好相应记录；为了与招标中公开、公平、公正和诚实信用的原则相一致，投标截止时间与开标时间应保持统一。

7）开标的相关要求

① 开标应符合招标通告的要求；

② 开标时要公开宣读投标信息；

③ 开标要做好开标记录。

8）评标

① 评标依据。评标唯一的依据是招标文件。

② 评标程序。首先是初评，主要是审查投标文件是否对招标文件做出了实质性的响应，以及投标文件是否完整，计算是否正确等；其次是对投标文件的具体评价，主要包括技术评审和商务评审，其中技术评审主要是为了确认备选的中标人完成生产项目的能力以及他们的供货方案的可靠性，技术评审可从以下方面进行：技术资料是否完备，施工方案是否可行，施工进度计划是否可靠，施工质量是否保证，工程材料和机器设备供应的技术性能符合设计技术要求，分包商的技术能力和施工经验，对设标文件中按招标文件规定提交的建议方案进行技术评审；商务评审主要是从成本、财务等方面评审投标报价的正确性、合理性、经济效益和风险等，估量授标给不同投标人产生不同的后果，商务评审可从以下几方面进行：报价的正确性和合理性，投标文件中的支付和财务问题，价格的调整问题，审查投标保证金，对建议方案的商务评审；最后是评标结果，即选出合适的中标人。

中标人的投标应当符合下列条件之一。

① 能最大限度地满足招标文件中规定的各项综合评价标准；

② 能满足招标文件各项要求，并且经评审的投标价格最低，但投标价格低于成本除外。

9）授标。在评标报告和授标建议书经世界银行批准后，项目采购单位或项目采购单位委托的招标代理机构可向具有最低投标价格的投标人发出中标通知书，并在投标有效期内完成合同的授予。

**2. 非招标采购**

非招标采购主要包括询价采购、直接采购和自营工程等。

（1）询价采购

1）询价采购的定义。询价采购，又称为货比三家，是指在比较几家供货商报价的基础上进行的采购，这种采购方式一般适用于采购现货价值较小的标准规格设备或简单的土建工程。

2）询价采购的程序

① 成立询价小组。由采购人代表和有关专家共三人以上单数组成，其中专家不少于2/3，询价小组应对采购项目的价格构成和评定成交的标准等事项做出规定，编制询价采购文件。询价采购文件应包括技术文件和商务文件。技术文件包括供货范围、技术要求和说明、工程标准、图纸、数据表、检验要求以及供货商提供文件的要求。商务文件包括报价须知、采购合同基本条款和询价书等。

② 确定被询价的供应商名单。询价小组根据采购要求，从符合相应资格条件的供货商名单中确定不少于三家的供货商，并发出询价通知书让其报价。

③ 询价。询价小组要求被询价的供货商一次报出不得更改的价格。

④ 确定成交供货商。采购人根据采购要求、质量和服务相等且报价最低的原则确定成交供货

商，并将结果通知所有被询价的未成交的供货商。在对供货商报价进行评审时，应进行技术和商务评审，并做出明确的结论。技术报价主要评审设备和材料的规格、性能是否满足规定的技术要求，报价技术文件是否齐全并满足要求，商务报价主要评审价格、交货期、交货地点和方式、保质期、货款支付方式和条件、检验、包装运输是否满足规定的要求等。

3）询价的工具和技术

① 举行供货商会议。供货商会议又称为标前会议，就是指在编制建议书之前，采购人与所有可能的供货商一起举行的会议，目的是为了保证所有可能的供货商都能对采购要求有一个明确的理解。

② 刊登广告。如果对有能力的供货商名单不是非常清楚，也可通过在报纸等媒体上刊登广告，以吸引供货商的注意，得到供货商的名单。

4）询价的结果。询价的结果是建议书。建议书是由供货商准备的说明其具有能力并且愿意提供采购产品的文件。

（2）直接采购

1）直接采购的定义。直接采购就是指不通过竞争，直接签订合同的采购方式。

2）直接采购的适用情况

① 对于已经按照世界银行同意的程序授标并签约，且正在实施的采购项目，需要增加类似的货物时；

② 为了使新采购部件与现有设备配套或与现有设备的标准化方面相一致，而需要向原供货商增加购买货物时；

③ 所需采购货物或设备等，只有单一货源时；

④ 负责工艺设计的承包人要求从特定供货商处购买关键部件，并以此作为其保证达到设计性能或质量的条件时；

⑤ 在某些特殊条件下，例如不可抗力的影响，为了避免时间延误而造成更多的花费时；

⑥ 当竞争性招标未能找到合适的供货商时也可采取直接采购方式，但需经过世界银行的同意。

（3）自营工程 自营工程是指项目采购人不通过招标或其他采购方式而直接采用自己的施工队伍来承建工程的一种采购方式。

★补充要点
**制定适合的采购战略**

现代国际先进的采购战略有：同步采购，全球采购，平台战略，系统、模块化供货，战略性外购和外包，集中采购，与供应商建立战略伙伴关系等。各个企业可以根据自己的实际情况，选择适合自己的采购战略。

## 第三节　实例分析：签订合同的技巧

### 一、注意事项

1. 仔细阅读使用的合同文本，掌握有关装饰工程施工合同的法律、法规规定

目前签订的装饰工程施工合同，普遍采用建设部与国家工商局共同制定的《建设工程施工合同》示范文本。该文本由协议书、通用条款、专用条款及合同附件四个部分组成。签订合同前仔细阅读和准确理解"通用条款"十分重要。因为这一部分内容不仅应注明合同用语的确切含义，引导合同双方如何签订"专用条款"，更重要的是当"专用条款"中某一条款未作特别约定时，"通用条款"中的对应条款将自动成为合同双方一致同意的合同约定。

有关装饰工程施工合同的法律、法规规定主要有：《中华人民共和国合同法》《中华人民共和国建筑法》《建设工程质量管理条例》《建筑业资质管理规定》《建筑业资质等级标准》（试行）、《建筑安装工程总分包实施办法》《建设工程施工

发包与承包价格管理暂行规定》等。

《协议书》中明文要求发包人和承包人，"依照《中华人民共和国合同法》《中华人民共和国建筑法》及其他有关法律、行政法规，遵循平等、自愿、公正和诚实信用的原则，双方就本建设工程施工事项协商一致，订立本合同（图2-12）。"

图2-12　签订工程合同

### 2. 严格审查发包人资质等级及履约信用

施工单位在签订《建设工程施工合同》时，对发包人主体资格的审查是签约的一项重要的准备工作，它将不合格的主体排斥在合同的大门之外，将导致合同伪装的坑穴和风险隐患排除在外，为将来合同能够得到及时、正确地改造奠定一个良好的基础。

根据我国法律规定，从事房产开发的企业必须取得相应的资质等级，承包人承包的项目应当经依法批准的合法项目。违反这些规定，将因项目不合法而导致所签订的建设工程施工合同无效。因此，在订立合同时，应先审查建设单位是否依法领取企业法人营业执照，取得相应的经营资格和等级证书，审查建设单位签约代表人的资格，审查工程项目的合法性。其次还应对发包方的履约信用进行审查。

### 3. 关于工期、质量、造价的约定，是施工合同最重要的内容

"工期、质量、造价"是装饰工程施工永恒的主题，有关这三个方面的合同条款是施工合同最重要的内容。

（1）实践中关于工期的争议多因开工、竣工日期未明确界定而产生　开工日期有"破土之日""验线之日"之说；竣工日期有"验收合格之日""交付使用之日""申请验收之日"之说。无论采用哪种，均应在合同中予以明确约定，并约定开工、竣工应办理哪些手续、签署何种文件。

（2）监督部门不再单一　根据国务院《建设工程质量管理条例》的规定，工程质量监督部门不再是工程竣工验收和工程质量评定的主体，竣工验收将由建设单位组织勘察、设计、施工、监理单位进行。因此，合同中应明确约定参加验收的单位、人员，采用的质量标准，验收程序，必须签署的文件及产生质量争议的处理办法等。

（3）装饰工程施工合同最常见的纠纷是对工程造价的争议　由于任何工程在施工过程中都不可避免地会遇到设计变更、现场身份证和材料差价的发生，所以均难以"一次性包死，不作调整"。合同中必须对价款调整的范围、程序、计算依据和设计变更、现场身份证、材料价格的签发做出明确的规定。

### 4. 对工程进度拨款和竣工结算程序做出详细规定

一般情况下，工程进度款按月付款或按工程进度拨付，但如何申请拨款，需报何种文件，如何审核确认拨款数额以及双方对进度款额认识不一致时如何处理，往往缺少详细的合同规定，引起争议，影响工程施工。一般合同中对竣工结算程序的规定也较少，不利于操作。因此，合同中应特别注重拨款和结算的程序约定。

### 5. 总包合同中应具体规定发包方、总包方和分包方各自的责任和相互关系

尽管发包方与总包方、总包方与分包方之间订有总包合同和分包合同，法律对发包方、总包方及分包方各自的责任和相互关系也有原则性规定，但实践中仍常常发生分包方不接受发包方监

督和发包方直接向分包方拨款造成总包方难以管理的现象，因此，在总包合同中应当将各方责任和关系具体化，便于操作，避免纠纷。

### 6. 明确规定监理工程师及双方管理人员的职责和权限

《民法通则》明确规定，企业法人对它的法定代表人及其他工作人员的经营行为承担民事责任。建设工程施工过程中，发包方、承包方、监理方参与生产管理的工程技术人员和管理人员较多，但往往职责和权限不明确或不为对方所知，由此造成双方不必要的纠纷和损失。合同中应明确列出各方派出的管理人员名单，明确其各自的职责和权限，特别应将具有变更、签证等权力的人员、签认范围、程序、生效条件等规定清楚，防止其他人员随意签字，给各方造成损失。

### 7. 不可抗力要量化

施工合同《通用条款》对不可抗力发生后当事人责任、义务、费用等如何划分均作为详细规定，发包人和承包人都认为不可抗力的内容就是

这些了。于是，在《专用条款》上打"√"或填上"无约定"比比皆是。

国内工程在施工周期中发生战争、空中飞行物体坠落等现象的可能性很少，较常见的是风、雨、雪、洪、震等自然灾害。达到什么程度的自然灾害才能被认定为不可抗力，《通用条款》未明确，实践中双方难以形成共识，双方当事人在合同中对可能发生的风、雨、雪、洪、震等自然灾害程序应予以量化。如几级以上的大风、几级以上的地震、持续多少天达到多少毫米的降水等，才可能认定为不可抗力，以免引起不必要的纠纷。

### 8. 运用担保条件，降低风险系数

在签订《建设工程施工合同》时，可以运用法律资源中的担保制度，来防范或减少合同条款所带来的风险。如施工企业向业主提供履约担保的同时，业主也应该向施工企业提供工程款支付担保。

## 二、某装饰工程合同详细文件

下面列举某公司装饰工程合同的具体内容。

# 装饰装修施工合同

合同编号：×××××××××

发包方（简称甲方）：××××公司

承包方（简称乙方）：××××装饰设计工程有限公司

根据《中华人民共和国合同法》《中华人民共和国消费者权益保护法》《中华人民共和国价格法》《××市合同格式条款监督条例》《××市建筑市场管理条例》，建设部《装饰装修管理试行办法》《建筑装饰装修工程质量验收规范》（GB 50210—2001），《关于实施室内装饰装修材料有害物质限量10项强制性国家标准的通知》（国质检标函〔2002〕392号）和《民用建筑工程室内环境污染控制规范》（GB 50325/2010）以及其他有关法律法规规定的原则，结合本工程的具体情况，甲、乙双方在平等、自愿、协商一致的基础上达成如下协议，共同遵守。

**第一条　工程概况**

1. 甲方装饰建筑系合法拥有。乙方为本市经工商行政管理机关核准登记的企业。

2. 装饰施工地点：××省××市××区×××××××××。

3. 建筑结构：<u>混合</u>（砖混、框架、钢构、混合），建筑面积××××平方米。

4. 装饰施工内容：×××××××××××××××××××。

5. 承包方式：<u>包工包料全包</u>（包工包料全包、清包工、部分承包）。

6. 总价款：¥×××××元，大写（人民币）：××××××。

双方约定，如变更施工内容、变更材料，这部分的工程款按实另计。

7. 工期：自××××年××月××日开工，至××××年××月××日竣工，工期××天。

## 第二条　材料供应的约定

1. 甲方提供的材料：甲方负责采购供应的材料、设备，应为符合设计要求的合格产品，并应按时供应到现场，甲、乙方应办理交接手续。乙方如发现甲方提供的材料、设备有质量问题或规格差异，应及时向甲方提出，甲方仍表示使用的，由此造成工程损失，责任由甲方承担。甲方供应的材料按时抵达现场后，由乙方负责保管，由于保管不当造成的损失，由乙方负责赔偿。

2. 甲方采购供应的装饰材料、设备，均应用于本合同规定的建筑装饰，非经甲方同意，乙方不得挪作他用。如乙方违反此规定，应按挪用材料、设备价款的双倍补偿给甲方。

3. 乙方提供的材料：乙方供应的材料、设备，甲方应到现场验收，如不符合设计、施工要求或规格有差异，应禁止使用。如已使用，对工程造成的损失由乙方负责。

## 第三条　关于工程质量及验收的约定

1. 本工程执行《建筑装饰工程技术规程》《装饰装修验收标准》和市建设行政主管部门制定的其他地方标准，质量评定验收标准。

2. 本工程由乙方设计，提供施工图纸1式4份。

3. 甲方提供的材料、设备质量不合格而影响工程质量，其返工费用由甲方承担，工期顺延。

4. 由于乙方原因造成质量事故，其返工费用由乙方承担，工期不变。

5. 在施工过程中，甲方提出设计修改意见及增减工程项目，须提前与乙方联系，方能进行该项目的施工，由此影响竣工日期的，由甲、乙双方商定。凡甲方私自与施工人员商定更改施工内容、增加施工项目所引起的一切后果，甲方自负，给乙方造成损失的，甲方应予赔偿。

6. 工程验收：甲、乙双方应及时办理隐蔽工程和中间工程的检查与验收手续，甲方不能按预约日期参加验收，由乙方组织人员进行验收，甲方应予承认，事后，若甲方要求复验，乙方应按要求办理复验。若复验合格，其复验及返工费用由甲方承担，工期也予顺延。

7. 工程竣工：乙方应提前5天通知甲方验收，甲方在接到通知5日内组织验收，并办理验收移交手续。如果甲方在规定时间内不能组织验收，须及时通知乙方，另定验收日期。如通过竣工验收，甲方应承认原竣工日期，并承担乙方的看管费用和其他相关费用。

8. 工程保修期2年。竣工验收后甲、乙双方凭付款收据实行保修，防水工程保修5年，从竣工验收签章之日起算。

## 第四条　有关安全生产和防火的约定

1. 甲方提供的施工图纸或施工说明及施工场地应符合防火、防事故的要求，主要包括电气线路、煤气管道、自来水和其他管道畅通、合格。乙方在施工中应采取必要的安全防护和消防措施，保障作业人员及相邻建筑的安全，防止相邻建筑的管道堵塞、渗漏水、停电、物品毁坏等事故发生。如遇上述情况发生，属甲方责任的，甲方负责修复和赔偿；属于乙方责任的，乙方负责修复和赔偿。

2. 施工中凡涉及改变房屋结构，拆、改承重墙，加大楼（地）面荷载，由甲方向物业管理部门提出申请，经所在地建设行政主管部门批准后，方能施工。

**第五条　关于工程价款及结算的约定**

1. 工程款付款方式：（将不选定方式划去）：

（1）工程款付款可以双方协商约定：

（2）工程款付款可以按下表（表2-4）：

表2-4　　　　　　　　　　　　　　　**工程款付款时间表**

| 工程进程 | 付款时间 | 付款比例 | 金额 |
|---|---|---|---|
| 合同签订后 | 开工前三天内 | 30% | ×××元 |
| 工期过半 | 油漆工进场前 | 30% | ×××元 |
| 竣工验收 | 验收合格当天 | 35% | ×××元 |
| 交付使用 | 验收合格后2年 | 5% | ×××元 |
| 增加工程项目 | 签订工程项目变更单时 | 100% | ×××元 |

2. 双方款项往来均应出具收据，施工结束时，乙方根据已收到的工程款开具发票交甲方，余款结清时再开具余款额度发票。

**第六条　其他事项**

1. 甲方工作

（1）甲方应在开工前三天，向乙方提供经物业管理部门认可的施工图纸或做法说明1份，并向乙方进行现场交底，全部腾空或部分腾空房屋，清除影响施工的障碍物。对只能部分腾空的房屋中所滞留的家具、陈设等应采取保护措施。向乙方提供施工需用的水、电等必备条件，并说明使用注意事项。

（2）做好施工中因临时使用公用部位操作影响邻里关系等的协调工作。

2. 乙方工作

（1）参加甲方召集的施工图纸或施工说明的现场交底。

（2）指派×××为乙方驻工地代表，全权负责合同履行。按要求组织施工，保质、保量、按期完成施工任务。如更换人员，乙方应及时书面通知甲方。

**第七条　违约责任**

1. 由于甲方原因导致延期开工或中途停工，甲方应补偿乙方因停工所造成的损失，每停工一天，甲方付乙方××元；甲方未按合同约定时间付款的，每逾期一天向乙方支付××元的违约金。

2. 由于乙方原因逾期竣工的，每逾期×天，乙方向甲方支付××元违约金。

3. 甲方未办理有关手续，强行要求乙方拆改原有建筑承重结构及共用设备管线，由此发生的损失或事故（包括罚款）由甲方负责并承担责任。

4. 乙方擅自拆改原有建筑承重结构或共用设备管线，由此发生的损失或事故（包括罚款），由乙方负责并承担责任。

5. 工程未办理验收、结算手续，甲方提前使用或擅自动用工程由此造成无法验收和损失的，由甲方负责。

**第八条　纠纷处理方式**

1. 因工程质量双方发生争议时，凭本合同文本和施工企业开具的统一发票，可向××市装饰行业协会申请调解，也可向所在区、县建设行政主管部门或消费者协会投诉。

2. 当事人不愿通过协商、调解解决，或协商、调解不成时，可以按照本合同约定向 ×× 仲裁委员会申请仲裁。

**第九条　合同的变更和解除**

1. 合同经双方签字生效后，双方必须严格遵守。任何一方需变更合同内容，应经协商一致后，重新签订补充协议。合同签订后施工前，一方如要终止合同，应以书面形式提出，按合同总价款 30％ 支付违约金，并办理终止合同手续。

2. 施工过程中任何一方提出终止合同，须向另一方以书面形式提出，经双方同意办理清算手续，订立终止合同协议，解除本合同。

**第十条　附则**

1. 工程开工前，甲方应将房屋外门钥匙 1 把交乙方施工队负责人保管。工程竣工验收时，甲方负责提供新锁 1 把，由乙方当场负责安装交付使用。

2. 本合同签订后，工程不得转包。

3. 本合同 1 式 4 份，甲方执 3 份、乙方执 1 份，合同附件为本合同的组成部分，具有同等的法律效力。凡在本市各装饰市场签订的合同，本合同 1 式 3 份，甲乙双方及市场有关管理部门各执 1 份。

4. 本合同当事人自愿鉴证的，可将本合同提交所在区县的工商行政管理部门进行鉴证。

**第十一条　其他约定**

1. _____

2. _____

3. _____

4. _____

5. _____

**第十二条　合同附件**

附件一：×××××

附件二：×××××

如企业另有合同附件，其内容应在第十一条中列示附件内容。

| | |
|---|---|
| 甲方（签章）： | 乙方（签章）： |
| 委托代理人： | 委托代理人： |
| 地址：×× 市 ×× 区 ×× 路 ×× 号 | 地址：×× 市 ×× 区 ×× 路 ×× 号 |
| 电话：××××××× | 电话：××××××× |
| 邮编：×××××× | 邮编：×××××× |
| 银行账号：×××× 银行 ×××× 支行 | 银行账号：×××× 银行 ×××× 支行 |
| 　　×××× 公司 | 　　×××× 装饰设计工程有限公司 |
| 签订日期：×××× 年 ×× 月 ×× 日 | 签订日期：×××× 年 ×× 月 ×× 日 |
| 签订地点：×× | 签订地点：×× |

5. 详细讲述采购的方式。

6. 具体阐述工程合同在履约管理时的具体原则。

7. 依据自己的理解详细解释材料采购合同履行过程中，出现供货方提前交货时具体的处理方法。

★ 课后练习

1. 描述工程合同的分类。

8. 描述索赔的分类。

2. 描述材料采购合同如何进行交货的检验。

9. 描述索赔的程序。

3. 阐述工程合同的变更程序。

10. 描述索赔工期和费用的计算原则。

4. 讲述如何制订采购计划。

11. 依据所学知识制定一份采购计划。

# 第三章　装饰工程施工进度

学习难度：★★★★☆

重点概念：工程进度

PPT 课件，请在
计算机上阅读

## 章节导读

　　经批准的进度计划，应向执行者进行交底并落实责任，进度计划执行者应制订实施计划方案。在实施进度计划的过程中应进行下列工作：跟踪检查，收集实际进度数据；将实际数据与进度计划进行对比；分析计划执行的情况；对产生的进度变化，采取相应措施进行纠正或调整计划；检查措施的落实情况；进度计划的变更必须与有关单位和部门及时沟通。通过本章内容的学习，要求学生在工程实施过程中，能够结合实际进展情况，对进度计划进行跟踪、检查和控制，保证按期完成工程任务（图 3-1）。

图 3-1　施工进度跟踪、调控

## 第一节　施工进度计划的实施与检查

### 一、施工进度计划的实施

#### 1. 施工进度计划的贯彻

施工进度计划的贯彻应该做到以下三点。

（1）检查各层次的计划，形成严密的计划保证系统　工程项目的所有施工进度计划，包括施工总进度计划、单位工程施工进度计划、分部（分项）工程施工进度计划，都是围绕一个总任务而编制的。它们之间的关系是高层次计划为低层次计划提供依据，低层次计划是高层次计划的具体化。在贯彻执行时，应当首先检查是否协调一致，计划目标是否层层分解、互相衔接，组成一个计划实施的保证体系，以施工任务书的方式下达到施工队，保证施工进度计划的实施。

（2）层层明确责任并利用施工任务书 项目经理、作业队和作业班组之间分别签订责任书，按计划目标明确规定工期、承担的经济责任、权限和利益，用施工任务书将作业任务下达到施工班组，明确具体施工任务、技术措施、质量要求等内容，使施工班组必须保证在作业计划时间内完成规定的任务。

（3）进行计划的交底，促进进度计划的全面、彻底实施 施工进度计划的实施是全体工作人员的共同行动，要使有关人员都明确各项计划的目标、任务、实施方案和措施，使管理者和作业层协调一致，将计划变成全体员工的自觉行动，在计划实施前可以根据计划的范围进行计划交底工作，以使计划得到全面、彻底的实施（图3-2）。

图3-2 施工进度开工

## 2. 施工进度计划的实施

（1）编制月（旬）作业计划 为了实施施工进度计划，将规定的任务结合现场施工条件，如施工场地的情况，劳动力机械等资源条件和施工的实际进度，在施工开始前和过程中不断地编制本月（旬）作业计划，这是使施工计划更具体、更实际和更可行的重要环节。在月（旬）计划中要明确本月（旬）应完成的任务，所需要的各种资源量、提高劳动生产率和节约措施等。

（2）签发施工任务书 编制好月（旬）作业计划以后，将每项具体任务通过签发施工任务书

的方式下达班组进一步落实、实施。施工任务书应由施工员按班组编制并下达，在实施过程中要做好记录，任务完成后回收，作为原始记录和业务核算资料。

施工任务书包括施工任务单、限额领料单和考勤表。施工任务单包括分项工程施工任务、工程量、劳动量、开工日期、完工日期、工艺质量和安全要求。限额领料单是根据施工任务单编制的控制班组领用材料的依据，应具体列明材料名称、规格、型号、单位和数量、领用记录、退料记录等。

（3）做好施工进度记录，填好施工进出统计表 在计划任务完成的过程中，各级施工进度计划的执行者都要做好施工跟踪记录，及时记载计划中的每项工作开始日期，每日完成数量和完成日期，记录施工现场发生的各种情况、干扰因素的排除情况；跟踪做好形象进度、工程量、总产值和耗用的人工、材料、机械台班等的数量统计与分析，为施工项目进度检查和控制分析提供反馈信息。因此，要求实事求是记载，并据此填好上报统计报表。

（4）做好施工中的调度工作 施工中的调度是组织施工中各阶段、环节、专业和工种的互相配合、进度协调的指挥核心。调度工作是使施工进度计划实施顺利进行的重要环节，其主要任务是掌握计划实施情况，协调各方面关系，采取措施，排除各种矛盾，加强各薄弱环节，实现动态平衡，保证完成作业计划和实现进度目标。

调度工作内容主要有：监督作业计划的实施；调整协调各方面的进度关系；监督检查施工准备工作；督促资源供应单位按计划供应劳动力、施工机具、运输车辆、材料构配件等，并对临时出现问题采取调配措施；按施工平面图管理施工现场，结合实际情况进行必要的调整，保证文明施工；了解气候、水、电、气的情况，采取相应的防范和保证措施；及时发现和处理施工中

各种事故和意外事件；调节各薄弱环节；定期、及时地召开现场调度会议，贯彻施工项目主管人员的决策，发布调度令。

★小知识

**影响进度实现的因素**

影响进度实现的因素无非以下几点：人、机、料、法、环。虽然人的因素是最主要的，但是人的因素是可以通过沟通协调来解决的，环境和方法的选择对进度影响也是比较大的，比如说没有明确整个工程关键部位，导致由于关键部位未及时施工而拖延工期，而天气也是，如果接连下雨的天气，进度也会受到影响。

## 二、施工进度计划的检查

在工程项目的实施过程中，为了进行进度控制，进度控制人员应经常地、定期地跟踪检查施工实际进度情况，主要是收集工程项目进度材料，进行统计整理和对比分析，确定实际进度与计划进度之间的关系，主要工作包括施工进度计划的跟踪、施工进度计划的整理统计、对比实际进度与计划进度。

### 1. 施工进度计划的跟踪

跟踪检查工程实际进度是项目进度控制的关键措施，目的是收集实际施工进度的有关数据，跟踪检查的时间和收集数据的质量，直接影响控制工作的质量和效果。一般检查的时间间隔与工程项目的类型、规模、施工条件和对进度执行要求程度有关。通常可以确定每月、半月、旬或周进行一次。若在施工中遇到天气、资源供应等不利因素的严重影响，检查的时间间隔可临时缩短，次数应频繁，甚至可以每日进行检查，或派人员驻现场督阵。

检查和收集资料的方式一般采用进度报表方式或定期进行进度工作汇报会。根据不同需要，检查的内容包括：检查期内实际完成和累计完成工程量；实际参加施工的劳动力、机械数量和生产效率；误工人数、误工机械台班数及其原因分析；进度管理情况；进度偏差情况；影响进度的特殊原因及分析。

### 2. 施工进度计划的整理统计

收集到的工程项目实际进度数据，要进行必要的整理，按计划控制的工作项目进行统计，形成与计划进度具有可比性的数据，相同的量纲和形象进度。一般可以按实物工程量、工作量和劳动消耗量以及累计百分比整理和统计实际检查的数据，以便与相应的计划完成量相对比。

### 3. 对比实际进度与计划进度

将收集的资料整理和统计成具有与计划进度可比性的数据后，用工程项目实际进度与计划进度进行比较。常用的比较方法有：横道图比较法、S形曲线比较法、"香蕉"形曲线比较法、前锋线比较法和列表比较法等。通过比较得出实际进度与计划进度一致、超前、拖后三种情况。

（1）横道图比较法　横道图比较法是把在项目施工中检查实际进度收集的信息，经整理后直接用横道线并列标于原计划的横道线一起，进行直观比较的方法。

完成任务量可以用实物工程量、劳动消耗量和工作量三种物理量表示。为了比较方便，一般用它们实际完成量的累计百分比与计划的应完成量的累计百分比进行比较（图3-3）。

应该指出，由于工作的施工进度是变化的，因此横道图中进度横线，不管计划的还是实际的，都是表示工作的开始时间、持续天数和完成时间，并不表示计划完成量和实际完成量，这两个量分别通过标注在横道线上方及下方的累计百分比数量表示。实际进度的涂黑粗线是从实际工程的开始日期画起，如果工作实际施工间断，亦可在图中将涂黑粗线作相应的空白。

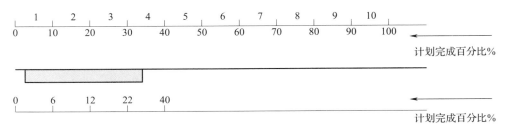

图 3-3　横道图比较法

（2）S形曲线比较法　S形曲线比较法是以横坐标表示进度时间、纵坐标表示累计完成任务量，绘制出一条按计划时间累计完成任务量的曲线，将施工项目的各检查时间实际完成的任务量与S形曲线进行实际进度与计划进度相比较的一种方法。

从整个工程项目的施工全过程而言，一般是开始和结尾阶段，单位时间投入的资源量较少，中间阶段单位时间投入的资源量较多，与其相关的单位时间完成的任务量也是呈同样变化（图3-4）；而随时间进展累计完成的任务量，则应该呈S形曲线变化（图3-5）。

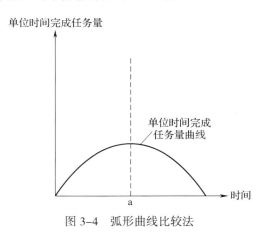

图 3-4　弧形曲线比较法

S形曲线比较法同横道图比较法一样，是在图上直观地进行施工项目实际进度与计划进度相比较。一般情况，计划进度控制人员在计划实施前绘制S形曲线。在项目施工过程中，按规定时间将检查的实际完成情况绘制在与计划S形曲线同一张图上，可得出实际进度S形曲线。

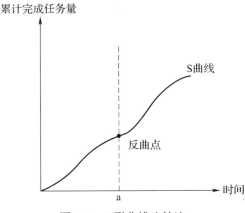

图 3-5　S形曲线比较法

比较两条S形曲线可以得到以下信息。

1）项目实际进度与计划进度比较。当实际工程进展点落在S形曲线左侧，则表示此时实际进度比计划进度超前；若落在其右侧，则表示拖后；若刚好落在其上，则表示二者一致。

2）项目实际进度比计划进度超前或拖后的时间。$\Delta T_a$ 表示 $T_a$ 时刻实际进度超前的时间；$\Delta T_b$ 表示 $\Delta T_b$ 时刻实际进度拖后的时间（图3-6）。

3）项目实际进度比计划进度超前或拖后的任务量。$\Delta Q_a$ 表示 $T_a$ 时刻超前完成的任务量；$\Delta Q_b$ 表示在 $T_b$ 时刻拖后的任务量（图3-6）。

4）预测工程进度。后期工程按原计划速度进行，则工期拖延预测值为 $\Delta T_c$（图3-6）。

（3）"香蕉"形曲线比较法　"香蕉"形曲线的作图方法与S形曲线的作图方法基本一致，所不同之处不在于它是分别以工作的最早开始和最迟开始时间绘制的两条S形曲线组合成的闭合曲线（图3-7）。

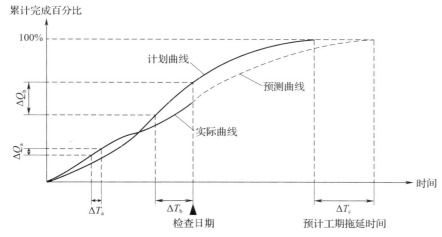

图 3-6 工程进度 S 形曲线比较法

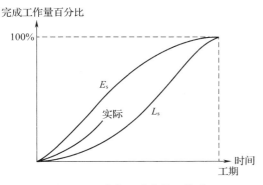

图 3-7 "香蕉"形曲线比较法

在项目的实施中，进度控制的理想状况是任意一个时刻按实际进度描绘的点，应落在该"香蕉"形曲线的区域内。"香蕉"形曲线比较法的作用：利用"香蕉"形曲线进行进度的合理安排；进行施工实际进度与计划进度比较；确定在检查状态下，后期工程的 $E_s$ 曲线和 $L_s$ 线的发展趋势。

（4）前锋线比较法 前锋线比较法是通过绘制某检查时刻工程项目实际进度前锋线，进行工程实际进度与计划进度比较的方法，它主要适用于时标网络计划。所谓前锋线，是指在原时标网络计划上，从检查时刻的时标点出发，用点划线依次将各项工作实际进展位置点连接而成的折线。前锋线比较法是通过实际进度前锋线与原进度计划中各工作指示线相交的交点的位置来判断工作实际进度与计划进度的偏差，进而判定该偏差对后续工作及总工期影响程度的一种方法。

**4. 施工进度计划检查结果的处理**

按照检查报告制度的规定，将工程项目进度检查的结果，形成进度控制报告向有关主管人员和部门汇报。进度控制报告是根据报告的对象不同，确定不同的编制范围和内容面分别编写的。一般分为项目概要组进度控制报告、项目管理组进度控制报告和业务管理组进度控制报告。

项目概要组的进度报告是报给项目经理、企业经理、业务部门以及建设单位或业主的，它是以整个工程项目为对象说明进度计划执行情况的报告；项目管理组的进度报告是报给项目经理及企业业务部门的，它是以单位工程或项目分区为对象说明进度计划执行情况的报告；业务管理组的进度报告是就某个重点部位或重点问题为对象编写的报告，供项目管理者及各业务部门为其采取应急措施而使用的。

进度报告由计划负责人或进度管理人员与其他项目管理人员协作编写。报告时间一般与进度检查时间相协调，也可按月、旬、周等间隔时间进行编写上报（图 3-8）。

图 3-8　施工进度检查

# 第二节　施工进度计划的调整与控制

## 一、施工进度偏差的原因分析

由于工程项目的工期较长，影响进度因素较多，编制、执行和控制工程进度计划时必须充分认识和估计这些因素，使工程进度尽可能按计划进行，当出现偏差时，应分析产生的原因。主要影响因素有以下几个。

### 1. 工期及相关计划的失误

1）计划时遗漏了部分必需的功能或工作；

2）计划值（例如计划工作量、持续时间）不足，相关的实际工作量增加；

3）资源或能力不足，例如计划时没考虑到资源的限制或缺陷，没有考虑如何完成工作；

4）出现了计划中未能考虑到的风险或状况，未能使工程实施达到预定的效率；

5）在现代工程中，上级（业主、投资者、企业主管）常常在一开始就提出很紧迫的工期要求，使承包商或其他设计人、供应商的工期太紧。

### 2. 工程条件的变化

（1）工作量的变化　工程量的变化可能是由于设计的修改、设计的错误、业主的新要求、项目目标的修改及系统范围的扩展造成的。

（2）外界（如政府、上层系统）对项目的新要求或限制　设计标准的提高可能造成项目资源的缺乏，使工程无法及时完成。

（3）环境条件的变化　工程地质条件和水文地质条件与勘查设计不符，如地质断层、地下障碍物、软弱地基、溶洞，以及恶劣的气候条件等，都对工程进度产生影响，造成临时停工或破坏。

（4）发生不可抗力事件　实施中如果出现意外的事件，如战争、内拒付债务、工人罢工等政治事件、地震、洪水等严重的自然灾害，重大工程事故、试验失败、标准变化等技术事件，通货膨胀、分包单位违约等经济事件，都会影响工程进度计划。

### 3. 管理过程中的失误

1）计划部门与实施者之间，总分包商之间，业主与承包商之间缺少沟通；

2）工程实施者缺乏工期意识，例如管理者拖延了图纸的供应和批准，任务下达时缺少必要的工期说明和责任落实，拖延了工程活动；

3）项目参加单位对各个活动没有清楚地了解，下达任务时也没有做详细的解释，同时对活动的必要的前提条件准备不足，各单位之间缺少协调和信息沟通，许多工作脱节、资源供应出现问题；

4）由于其他方面未完成项目计划规定的任务造成拖延，例如设计单位拖延设计、运输不及时、上级机关拖延批准手续、质量检查拖延、业主不果断处理问题等；

5）承包商没有集中力量施工、材料供应拖延、资金缺乏、工期控制不紧；

6）业主没有集中资金的供应，拖欠工程款，或业主的材料、设备供应不及时。

★补充要点
**保证施工进度措施**
保证施工进度关键在于组织措施得力（在项目班子中设置施工进度控制专职人员，

负责调度、控制施工），技术措施可行（利用先进施工工艺、施工技术以加快施工进度），合同措施限定（保证合同期与计划协调一致），经济措施落实（对参与施工的各协作单位，提出进度要求，制定奖罚制度）等四个方面。

### 4. 其他原因

由于采取其他调整措施造成工期的拖延，如设计的变更、质量问题的返工、实施方案的修改等（图3-9）。

图3-9 施工进度偏差原因分析

## 二、分析进度偏差的影响

通过进度比较方法，如果判断出现进度偏差时，应当分析偏差对后续工作和对总工期的影响。进度控制人员由此可以确认应该调整产生进度偏差的工作和调整偏差值的大小，以便确定采取调整措施，获得符合实际进度情况和计划目标的新进度计划。

### 1. 分析出现偏差的工作是否为关键工作

若出现偏差的工作为关键工作，则无论偏差大小，都对后续工作及总工期产生影响，必须采取相应的调整措施；若出现偏差的工作不是关键工作，需要根据偏差值与总时差和自由时差的大小关系，确定对后续工作和总工期的影响程度。

### 2. 分析进度偏差是否大于总时差

如果工作的进度偏差大于该工作的总时差，说明此偏差必将影响后续工作和总工期，必须采取相应的调整措施；如果工作的进度偏差小于或等于该工作的总时差，说明此偏差对总工期无影响，但它对后续工作的影响程度，需要根据比较偏差与自由时差的情况来确定。

### 3. 分析进度偏差是否大于自由时差

如果工作的进度偏差大于该工作的自由时差，说明此偏差对后续工作产生影响，应根据后续工作允许影响的程度而定；如果工作的进度偏差小于或等于该工作的自由时差，则说明此偏差对后续工作无影响，因此，原进度计划可以不做调整。

## 三、施工进度计划的调整方法

### 1. 增加资源投入

通过增加资源投入，缩短某些工作的持续时间，使工程进度加快，并保证实现计划工期。

### 2. 改变某些工作间的逻辑关系

在工作之间的逻辑关系允许改变的条件下，可改变逻辑关系，达到缩短工期的目的。

### 3. 资源供应的调整

如果资源供应发生异常，应采用资源优化方法对计划进行调整，或采取应急措施，使其对工期影响最小。

### 4. 增减工作范围

增减工作范围包括增减工作量或增减一些工作包（或分项工程）。增减工作内容应做到不打乱原计划的逻辑关系，只对局部逻辑关系进行调整。

### 5. 提高劳动生产率

改善工具器具以提高劳动效率，通过辅助措施和合理的工作过程提高劳动生产率。

### 6. 将部分任务转移

如分包、委托给另外的单位，将原计划由自己生产的结构构件改为外购等。当然这不仅有风险，还会产生新的费用，而且需要增加控制和协调工作。

### 7. 将一些工作包合并

特别是在关键线路上按先后顺序实施的工作包合并，与实施者一道研究，通过局部地调整实施过程和人力、物力的分配，达到缩短工期的目的。

## 四、施工进度的控制措施

施工进度控制采取的主要措施有组织措施、技术措施、管理措施和经济措施等。

### 1. 组织措施

1）落实各层次的进度控制人员、具体任务和工作责任；

2）应充分重视健全项目管理的组织体系，建立进度控制的组织系统；

3）对工程项目的结构、进度阶段或合同结构等进行项目分解，确定其进度目标、建立控制目标体系；

4）应编制施工进度控制的工作流程；

5）确定进度控制工作制度，如检查时间、方法、协调会议时间、参加人员等；

6）对影响进度的因素进行分析和预测。

### 2. 技术措施

技术措施主要是采取加快工程进度的技术方法，主要包括以下几方面。

1）对实现施工进度目标有利的设计技术和施工技术的选用；

2）不同的设计理念、设计技术路线、设计方案对工程进度会产生不同的影响，在工程进度受阻时，应分析是否存在设计技术的影响因素，为实现进度目标有无设计变更的必要和是否可能变更；

3）施工方案对工程进度有直接的影响，在决策其选用时，不仅应分析技术的先进性和经济合理性，还应考虑其对进度的影响。在工程进度受阻时，应分析是否存在施工技术的影响因素，为实现进度目标有无改变施工技术、施工方法和施工机械的可能性（图 3-10）。

图 3-10　施工进度控制

### 3. 管理措施

施工进度控制的管理措施涉及管理的思想、管理的方法、管理的手段、承发包模式、合同管理和风险管理等。在理顺组织的前提下，科学和严谨的管理十分重要。

1）施工进度控制在管理观念方面存在的主要问题是缺乏进度计划系统的观念，往往分别编制各种独立而互不关联的计划，这样就形成不了计划系统；缺乏动态控制的观念，只重视计划的编制，而不重视及时地进行计划的动态调整；缺乏进度计划多方案比较和选优的观念，合理地进度计划应体现资源的合理使用、工作面的合理安排，有利于提高建设质量、文明施工和合理地缩短建设周期。

2）用工程网络计划的方法编制进度计划必须很严谨地分析和考虑工作之间的逻辑关系，通过工程网络的计算可发现关键工作和关键路线，也可知道非关键工作可使用的时差，工程网络计划的方法有利于实现进度控制的科学化。

3）承包模式的选择直接关系到工程实施的组织和协调。为了实现进度目标，应选择符合规范的合同结构，以避免过多的合同交界面而影响工程的进展。工程物资的采购模式对进度也有直接的影响，对此应做比较分析。

4）为实现进度目标，不但应进行进度控制，还应注意分析影响工程进度的风险，并在分析的基础上采取风险管理措施，以减少进度失控的风险量。

5）应重视信息技术在进度控制中的应用。

### 4. 经济措施

施工进度控制的经济措施涉及工程资金需求计划和加快施工进度的经济激励措施。

1）为确保进度目标的实现，应编制与进度计划相适应的资源需求计划（资源进度计划），包括资金需求计划和其他资源（人力和物力资源）需求计划，以反映工程施工的各时段所需要的资源。通过资源需求的分析，可发现所编制的进度计划实现的可能性，如果资源条件不具备，则应调整进度计划。

2）在编制工程成本计划时，应考虑加快工程进度所需要的资金，其中包括为实现施工进度目标将要采取的经济激励措施所需要的费用。

### 5. 施工进度控制的总结

项目经理部应在进度计划完成后，及时进行工程进度控制总结，为进度控制提供反馈信息，总结时应依据以下资料：施工进度计划、施工进度计划执行的实际记录、施工进度计划检查结果、施工进度计划的调整资料。

施工进度控制总结应包括：合同工期目标和计划工期目标完成情况、施工进度控制经验、施工进度控制中存在的问题、科学的工程进度计划方法的应用情况、工程项目进度控制的改进意见。

---

**★ 小知识**

**进度拖延的原因**

进度拖延确实存在，关键在于两个方面，一个是资金供应不足，一个是质量问题繁多，整治过程漫长，拖延整体进度。其中，后者是更加需要重视的。

---

## 第三节　实例分析：咖啡厅施工全过程

### 一、了解咖啡厅

#### 1. 关于咖啡

咖啡是用经过烘焙的咖啡豆制作出来的饮料，与可可、茶同为流行于世界的主要饮品。日常饮用的咖啡是用咖啡豆配合各种不同的烹煮器具制作出来的，而咖啡豆就是指咖啡树果实里面的果仁，再用适当的方法烘焙而成，品尝起来味道苦涩，但细细品味却又别有一番风味。

人类最初认识咖啡是在五、六世纪。公元6世纪，埃塞俄比亚人统治也门50年，咖啡开始传播到阿拉伯世界的也门地区，人们开始大量种植咖啡树。16世纪，土耳其人占领了也门，当地的咖啡种植已经初具规模，土耳其人开始将咖啡资源利用起来，经也门的摩卡港出口欧洲赚外汇。虽然19世纪摩卡港被苏伊士运河取代，但是"摩卡咖啡"依然被保留下来。1616年，荷兰人把咖啡树苗偷运到自己的首都；随后的1658年，荷属殖民地斯里兰卡也有了咖啡树的身影。1699年，印尼也开始种植咖啡树。而法国人此时也在紧锣密鼓地在自己国家试种、在法属殖民地广泛种植咖啡树。这样，亚洲、南美、中南美、非洲，都有了咖啡树（图3-11、图3-12）。

#### 2. 关于咖啡厅

咖啡的出现，相应的便衍生了咖啡厅。早期，对于咖啡厅，人们给予她的标签是高雅、怡情等，而在当今这个信息大爆炸，生活节奏加快的年代，咖啡厅便被赋予了更多的含义，除去可以优雅地品尝咖啡，还能洽谈公事。闲暇之余，人们可以去咖啡厅看看书，喝喝咖啡，谈论下当今的时事等。

图 3-11 已经结果的咖啡树

(a)

(b)

图 3-12 咖啡豆制作前后

正因为如此，在设计咖啡厅时，要考虑到方方面面，既要考虑到咖啡厅的各类功能，还要考虑保留咖啡厅优雅的气质，装修风格更不可随意选择，要结合当下时代发展的特点，满足人们精神方面的需求。

咖啡厅设计装修的成败就在于咖啡厅中的空间和布局以及环境气氛，咖啡厅一般建设在交通

流量大的路边或建设在大型商场和公共建筑中，咖啡厅比起酒楼、餐馆而言规模要小些，造型以别致、轻快、优雅为主。

咖啡厅的平面布局相对比较简明，内部空间一般都设置成一个较大的通透空间，厅内有很好的交通流线，能够保证行走的流畅度。座位分布也比较灵活，有的以各种高矮的轻隔断对空间进行二次划分，对地面和顶棚加以高差变化；有的运用卡座来分割每一个小空间，既增加了隐蔽性，又增添了趣味。咖啡厅中餐桌和餐椅的设计多为精致轻巧型，为造成亲切谈话的气氛，多采用 2 ~ 4 人的座位设置形式，中心部位可设一两处人数多的座位。咖啡厅的服务柜台一般放在接近入口的明显之处，有时与外卖窗口结合。由于咖啡厅中多以顾客直接在柜台选取饮食品、当场结算的形式，因此付货部柜台应较长，付货部内、外都需留有足够的迂回与工作空间。

咖啡厅的立面多设计成透明度大的大玻璃窗，从外面就可以清楚地看到里面，出入口也设置得明显方便。咖啡厅多以轻松、舒畅、明快为空间主导气氛，一般选用淡雅的装修色调，结合植物、水池、喷泉、灯具、雕塑等小品来增加店内的轻松、舒适感。此外，咖啡厅还常在室外设置部分座位，使内外空间交融、渗透，创造良好的视觉景观效果（图 3-13）。

图 3-13 咖啡厅

## 二、工程介绍

此次作为案例的咖啡厅位于市中心，占地面积约76平方米，两层复式楼。店内除去有饮品区外，还兼具有阅读区、制作咖啡体验区。整个工程耗时两个半月，包括最初的选址、整体的装修以及后期家具的选购。整体风格为现代简约风，装修色调以淡雅为主，给人营造一种舒适、惬意的氛围。所有家具均选自一线品牌，咖啡原材料大部分为进口咖啡豆。

该工程主体建筑外墙涂饰白色乳胶漆，并配以创意手绘图案，为咖啡厅增添趣味感。墙面制作防水层，铺装防滑地砖。咖啡厅内部配以小型绿植，增加生气，并制作照片展示墙。楼梯采用旋转式，并配以灯带以供夜间照明。咖啡厅外还设置有部分座位，座位旁配有绿色植物和遮阳伞。

## 三、施工全过程

### 1. 施工前设计交底

施工前设计交底主要是业主方和设计方对图纸进行当面沟通，此时设计师、业主方、工程监理、施工方均应到场。确定装修图纸没有问题后，设计方会在选定的时间开始施工，有些业主方还会特意查询黄历，选择开工时间和开凿方向，设计方要注意这一点，以免引起不必要的麻烦（图3-14）。

图3-14　施工前交底

### 2. 沟通效果图

效果图可以更直观地反映设计的效果，给业主方观看效果图，能够增加业主方对设计方的信心，对于后期施工也有很大帮助（图3-15）。

图3-15　效果图

### 3. 采购材料

根据设计师设计的施工图来确定施工的材料和大致的施工方向，交给专门的人去采购，该咖啡厅装修的地面材料为防滑瓷砖，主体色调以淡雅为主。该咖啡厅装修的墙面材料为肌理墙漆，而顶面的材料是乳胶漆和石膏板。确定好方向之后设计方就可以进行材料组织分配了。

### 4. 工人施工安排

在材料组织分配过后就可以安排工人施工了，施工人员在该工程期间统一安排住宿和饮食，分区域安排专门的人去施工，有专门的人督查，一定保证工程又快又好地完成（表3-1）。

### 5. 施工工程按项进行验收

工程验收是指对单项工程或全部工程检验和接收的建设程序。在该咖啡厅的施工工程中，每一项工程完成后都应先验收，再进行下一步的施工。工程验收能够保证施工的每一个环节不出现问题，能够更好地提高施工进度。

表 3-1　　　　　　　　　　　　　咖啡厅装饰装修施工进度表

| 工程项目名称 | 工期安排（自然天） | | | | | | | | | | | | | | | | | | | |
|---|---|---|---|---|---|---|---|---|---|---|---|---|---|---|---|---|---|---|---|---|
| | 1 | 2 | 3 | 4 | 5 | 6 | 7 | 8 | 9 | 10 | 11 | 12 | 13 | 14 | 15 | 16 | 17 | 18 | 19 | 20 |
| 施工准备 | ■ | ■ | | | | | | | | | | | | | | | | | | |
| 基础改造 | | ■ | ■ | | | | | | | | | | | | | | | | | |
| 电路布设 | | | ■ | ■ | | | | | | | | | | | | | | | | |
| 水路布设 | | | | ■ | ■ | ■ | | | | | | | | | | | | | | |
| 吊顶制作 | | | | | | | ■ | ■ | ■ | ■ | ■ | ■ | | | | | | | | |
| 固定家具 | | | | | | | | | | | | | | | | ■ | ■ | | | |
| 地面铺装 | | | | | | | | | | | | ■ | ■ | ■ | ■ | | | | | |
| 油漆涂饰 | | | | | | | | | | | | | | ■ | ■ | ■ | ■ | | | |
| 成品安装 | | | | | | | | | | | | | | | | ■ | ■ | ■ | | |
| 竣工验收 | | | | | | | ■ | | | | | | ■ | | | | | | ■ | ■ |

## 6. 工程竣工验收

工程竣工验收是建设投资成果转入生产或使用的标志，也是全面考核投资效益、检验设计和施工质量的重要环节。在该咖啡厅整体工程完成之后，需要提交相关文件，对咖啡厅整体工程进行总体验收。

## 7. 后期安全检测

工程竣工验收完成之后需要按照《中华人民共和国建筑装饰装修工程质量验收规范》中的规定，确保该工程的质量，确保环境指数达标，由工程部经理和质量检验组一起检查工程的质量，完成三检制、隐形工程的检验和分项工程的检验，再经过甲方的鉴定才算完工。

## 四、咖啡厅部分图纸

以下附上该咖啡厅设计图与实景拍摄图（图 3-16 至图 3-19）。

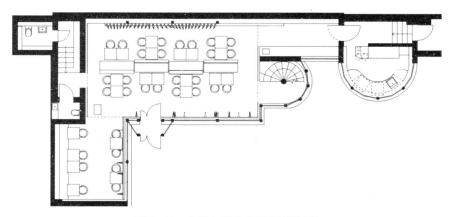

图 3-16　咖啡厅装饰平面设计图纸

图 3-17 钢笔手绘咖啡厅部分空间

图 3-18 座席区实景拍摄

图 3-19 吧台实景拍摄

4. 分析进度偏差产生的原因。

5. 分析进度偏差对后续工作和总工期的影响。

6. 介绍控制施工进度的措施。

7. 简述出现施工进度拖延的原因。

8. 阐述保证施工进度完整进行的措施。

9. 拟定一份关于住宅空间装饰工程的详细施工进度计划。

10. 阐述在施工过程中需要注意的事项。

## ★ 课后练习

1. 详细解释如何实施施工进度计划。

2. 描述工程进度计划检查的方法。

3. 阐述工程进度计划如何进行调整。

# 第四章　装饰工程预算

PPT 课件，请在
计算机上阅读

**学习难度：** ★★★☆☆
**重点概念：** 预算定额、施工图预算、工程成本控制与核算

---

### 章节导读

　　为满足生产、生活的需要所建造的房屋称为建筑工程。人们对拟建房屋及其附属工程在建造前，对其所需要的物化劳动和活劳动的消耗都得事先加以计算。因此，根据拟建建筑工程的设计图纸、建筑工程预算定额、费用定额（即间接费定额）、建筑材料预算价格以及与其配套使用的有关规定等，预先计算和确定每个新建、扩建、改建和复建项目所需全部费用的技术经济文件，称为建筑工程预算。

　　在进行一项装饰工程前，必先拟定工程成本，在保证建设项目完整进行的前提下，控制成本，有效提高整体工程的质量（图4-1）。成本核算则是影响成本的重要内容，本章也将列举实例对装饰工程成本控制与核算进行重点讲解。

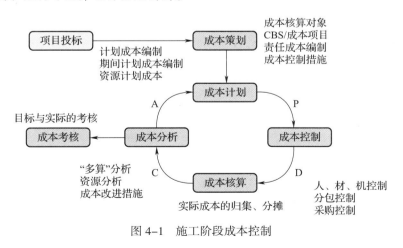

图 4-1　施工阶段成本控制

# 第一节 预 算 概 述

## 一、预算定额

### 1. 预算定额的概念与作用

（1）预算定额的概念　预算定额是规定消耗在合格质量的单位工程基本构造要素上的人工、材料和机械台班的数量标准，是计算建筑安装产品价格的基础。

预算定额按照工程基本构造要素规定劳动力、材料和机械的消耗数量，以此用来满足编制施工图预算、规划和控制工程造价的要求。

预算定额是工程建设中的一项重要的技术经济文件，它的各项指标反映了在完成规定计量单位符合设计标准和施工质量验收规范要求下的分项工程消耗的劳动和物化劳动的数量限度。这种限度最终决定着单项工程和单位工程的成本和造价。

预算定额是由国家主管部门或其授权机关组织编制、审批并颁发执行。在现阶段，预算定额是一种法令性指标，是对基本建设实行宏观调控和有效监督的重要工具，各地区、各基本建设部门都必须严格执行。

预算定额按照表现形式可分为预算定额、单位估价表和单位估价汇总表三种。而其中"单位估价表"则是既包括定额人工、材料和施工机械台班消耗量又列有人工费、材料费、施工机械使用费和基价的预算定额，这种预算定额可以满足企业管理中不同用途的需要，并可以按照基价计算工程费用，用途较广泛，是现行定额中的主要表现形式。单位估价汇总表简称为"单价"，它只表现"三费"即人工费、材料费和施工机械使用费以及合计。

预算定额按照综合程度，可分为预算定额和

综合预算定额。综合预算定额是在预算定额基础上，对预算定额的项目进一步综合扩大，使定额项目减少，更为简便适用，可以简化编制工程预算的计算过程。

（2）预算定额的作用

1）预算定额是编制地区单位估价表的依据，也是编制建筑安装工程施工图预算和确定工程造价的依据。

建筑工程预算中的每一分项工程或构配件的费用，都是按照施工图计算的工程量乘以相应的单位估价表的预算单价进行计算；而单位估价表的预算价格，是根据预算定额规定的人工、材料、机械台班的数量和地区工资标准、材料预算价格及机械台班预算价格等进行编制。因此，预算定额是编制单位估价表的依据。

2）预算定额是编制施工组织设计时，确定劳动力、建筑材料、成品、半成品和建筑机械需要量的依据。

施工组织设计的重要任务之一，就是确定施工中所需的各项物质技术供应量。根据预算定额或综合预算定额，能够比较精确地计算出各项物质技术的需要量。

3）预算定额是工程结算的依据。工程结算是建设单位和施工单位按照工程进度对已完成的分部分项工程实现货币支付的行为。按进度支付工程款，需要根据预算定额将已完成分项工程的造价算出。单位工程竣工验收后，再按竣工工程量、预算定额和施工合同规定进行结算，以保证建设单位建设资金的合理使用和施工单位的经济收入。

4）预算定额是施工单位进行经济活动分析的依据。预算定额规定的物化劳动和劳动消耗指标，是施工单位在生产经营中允许消耗的最高标准。施工单位必须以预算定额作为评价企业工作的重要标准，作为努力实现的具体目标。施工单位可根据预算定额对施工中的劳动、材料、机械的消耗情况进行具体的分析，以便找出并克服低工效、高消耗的薄弱环节，提高竞争能力。

5）预算定额是编制概算定额的基础。概算定额是在预算定额基础上经过综合扩大编制的。利用预算定额作为编制依据，不但可以节省编制工作大量的人力、物力和时间，收到事半功倍的效果，还可以使概算定额在水平上与预算定额一致，以避免造成执行中的不一致。

6）预算定额是合理编制招标标底、投标报价的基础。按照现行制度规定，实行招标的工程，确定招标工程的标底一般都以预算定额和设计工程量以及现行的取费标准计算标底。投标单位也以同样的方法计算标价基数后，再根据企业的投标策略，对某些费用进行适当调整后来确定投标标价（图4-2）。

(a)

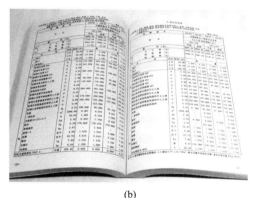
(b)

图4-2 依据预算定额进行投标标价

### 2. 预算定额的编制步骤

编制预算定额一般分为以下三个阶段进行。

（1）准备工作阶段

1）根据工程造价主管部门的要求，组织编制预算定额的领导机构和专业小组；

2）拟定编制定额的工作方案，提出编制定额的基本要求，确定编制定额的原则、适用范围，确定定额的项目划分以及定额表格形式等；

3）调查研究，收集各种编制依据和资料。

（2）编制初稿阶段

1）对调查和收集的资料进行分析研究；

2）按编制方案中划分项目的要求和选定的典型工程施工图来计算工程量；

3）根据取定的各项消耗指标和有关编制依据，计算分项工程定额中的人工、材料和机械台班消耗量，编制出定额项目表；

4）测算定额水平。定额初稿编出后，将新编定额与原定额进行比较，测算新定额的水平。

（3）修改和定稿阶段

组织有关部门和单位讨论新编定额，将征求到的意见交编制专业小组修改定稿，并写出送审报告，交审批机关审定。

### 3. 编制定额的基本方法

（1）技术测定法 也被称为计时观察法，是一种科学的编制定额的方法。该方法通过对施工过程的具体活动进行实地观察，详细记录工人和施工机械的工作时间消耗，测定完成产品的数量和有关影响因素，将观察记录结果进行分析研究，整理出可靠的数据资料，再运用一定的计算方法算出编制定额的基础数据。

1）技术测定法的主要步骤

① 确定编制定额项目的施工过程，对其组成部分进行必要的划分；

② 选择正常的施工条件和合适的观察对象；

③ 到施工现场对观察对象进行测时观察，记录完成产品的数量、工时消耗及影响工时消耗

的有关因素;

④分析整理观察资料。

2)常用的技术测定方法

①测时法;

②写实记录法,采用写实记录法可以获得工作时间消耗的全部资料。写实记录法的观察对象是一个工人或一个工人小组,采用普通表为计时工具;

③工作日写实法。

(2)经验估计法。是根据定额员、施工员、内业技术员、老工人的实际工作经验,对生产某一产品或完成某项工作所需的人工、材料、机械台班数量进行分析、讨论、估算,并最终确定消耗量的一种方法。

(3)统计计算法 是运用过去统计资料编制定额的一种方法。统计计算法编制定额简单可行,只要对过去的统计资料加以分析和整理就可以计算出定额消耗指标。缺点是统计资料不可避免地包含各种不合理因素,这些因素必然会影响定额水平,降低定额质量。

(4)比较类推法 也称为典型定额法。该方法是在同类型的定额子目中,选择有代表性的典型子目,用技术测定法确定各种消耗量,然后根据测定的定额用比较类推的方法编制其他相关定额。

而每种方法均有其特点,根据这些特点,针对不同情况选择不同编制定额的方法,大家选择起来就更方便,工作效率也会更高(表4-1)。

表 4-1 不同编制预算定额的基本方法及其特点

| 编制方法 | | 优点 | 缺点 | 备注 |
|---|---|---|---|---|
| 技术测定法 | 测时法 | 精度高 | 观察技术较复杂 | 主要用于观察循环施工过程的定额工时消耗 |
| | 写实记录法 | 精度较高、观察方法比较简单 | 时效过长 | 主要研究各种性质工作时间消耗 |
| | 工作日写实法 | 技术简便、资料全面 | 时效过长 | 主要研究整个工作班内各种损失时间、休息时间和不可避免中断的时间 |
| 经验估计法 | | 简单、工作量小、精度差 | 准确度低 | |
| 统计计算法 | | 编制定额简单可行 | 存在不合理因素 | 使用该种方法所搜集的资料需要经过多方整理和验证 |
| 比较类推法(典型定额法) | | 简单易行,有一定的准确性 | 有一定的局限性 | 适合不同工程项目对比 |

**4. 预算定额的特性**

(1)科学性 预算定额的科学性是指,定额是采用技术测定法、统计计算法等科学方法,在认真研究施工生产过程中客观规律的基础上,通过长期的观察、测定、统计分析总结生产实践经验以及广泛搜集现场资料的基础上编制的。

(2)权威性 在计划经济体制下,定额具有法令性,定额经国家主管机关批准颁发后,具有经济法规的性质,执行定额的所有各方必须严格遵守,不能随意改变定额的内容和水平。

定额的权威性是建立在采用先进科学的编制方法上,能正确反映本行业的生产力水平,符合社会主义市场经济的发展规律。

(3)群众性 定额的群众性是指定额的制定和执行都必须有广泛的群众基础。因为定额的水平高低主要取决于建筑安装工人所创造的劳动生产力水平的高低,且工人直接参加定额的测定工作,有利于制定出容易使用和推广的定额,因而定额的执行要依靠广大职工的生产实践活动才能完成。

**5. 预算定额的编制原则**

预算定额的编制原则主要有以下几个。

（1）平均水平原则 平均水平是指编制预算定额时应遵循价值规律的要求，即按生产该产品的社会必要劳动量来确定其人工、材料、机械台班消耗量。在正常施工条件下，以平均的劳动强度、平均的技术熟练程度、平均的技术装备条件，完成单位合格建筑产品所需的劳动消耗量来确定预算定额的消耗量水平。这种以社会必要劳动量来确定定额水平的原则，就称为平均水平原则。

（2）简明适用原则 定额的简明与适用是统一体中的一对矛盾，如果单纯强调简明，适用性就差；如果单纯追求适用，简明性就差。因此，预算定额应在适用的基础上力求简明。

简明适用原则主要体现在以下几个方面：

1）要满足使用各方的需要。在满足编制施工图预算、编制竣工结算、编制投标报价、工程成本核算、编制各种计划等的需要时，不但要注意项目齐全，而且还要注意补充新结构，新工艺的项目。另外，还要注意每个定额子目的内容划分要恰当；

2）确定预算定额的计量单位时，要考虑简化工程量的计算；

3）预算定额中的各种说明，要简明扼要，通俗易懂；

4）编制预算定额时要细心，不要有遗漏，因为补充预算定额必然会影响定额水平的一致性。

## 二、施工图预算

### 1. 施工图预算及其作用

施工图预算是在设计的施工图完成以后，以施工图为依据，根据预算定额、费用标准以及工程所在地区的人工、材料、施工机械设备台班的预算价格编制的，是确定建筑工程、安装工程预算造价的文件。

施工图预算通常分为建筑工程预算和设备安装工程预算两大类。根据单位工程和设备的性质、用途的不同，建筑工程预算可分为一般土建工程预算、卫生工程预算、工业管道工程预算、特殊构筑物工程预算和电气照明工程预算；设备安装工程预算又可分为机械设备安装工程预算、电气设备安装工程预算。

施工图预算的作用主要有：

1）施工图预算是工程实行招标、投标的重要依据；

2）施工图预算是签订建设工程施工合同的重要依据；

3）施工图预算是办理工程财务拨款、工程贷款和工程结算的依据；

4）施工图预算是施工单位进行人工和材料准备、编制施工进度计划、控制工程成本的依据；

5）施工图预算是落实或调整年度进度计划和投资计划的依据；

6）施工图预算是施工企业降低工程成本、实行经济核算的依据。

### 2. 施工图预算编制

施工图预算编制依据由各专业设计施工图和文字说明、工程地质勘察资料组成。当地和主管部门颁布的现行建筑工程和专业安装工程预算定额（基础定额）、单位估价表、地区资料、构配件预算价格（或市场价格）、间接费用定额和有关费用规定等文件。还包括现行的有关设备原价（出厂价或市场价）及运杂费率与现行的有关其他费用定额、指标和价格。此外，还要注意建设场地中的自然条件和施工条件，并据以确定的施工方案或施工组织设计。

施工图预算的编制方法如下。

（1）工料单价法 指分部分项工程量的单价为直接费，直接费以人工、材料、机械的消耗量及其相应价格与措施费确定。间接费、利润、税金按照有关规定另行计算。

1）传统施工图预算使用工料单价法。首先，准备资料，熟悉施工图，准备的资料包括施工组织设计、预算定额、工程量计算标准、取费标准、地区材料预算价格等，其次计算工程量，根据工程内容和定额项目，列出分项工程目录，根据计算顺序和计算规划列出计算式，根据图纸上的设计尺寸及有关数据，代入计算式进行计算，对计算结果进行整理，使之与定额中要求的计量单位保持一致，并予以核对。然后套工料单价，核对计算结果后，按单位工程施工图预算直接费计算公式求得单位工程人工费、材料费和机械使用费用总和。

同时注意以下几项内容：

① 分项工程的名称、规格、计量单位必须与预算定额工料单价或单位计价表中所列内容完全一致；

② 进行局部换算或调整，换算指定额中已计价的主要材料品种不同而进行的换价，一般不调量；调整指由于施工工艺条件不同而对人工、机械的数量增减，一般调整数量不换价；

③ 若分项工程不能直接套用定额、不能换算和调整时，应编制补充单位计价表；

④ 定额说明允许换算与调整以外部分不得任意修改。

而编制工料分析表则是根据各分部分项工程项目实物工程量和预算定额中的项目所列的用工及材料数量，计算各分部分项工程所需人工及材料数量，汇总后算出该单位工程所需各类人工、材料的数量。编制步骤如下：

① 计算并汇总造价，根据规定的税、费率和相应的计取基础，分别计算措施费、间接费、利润、税金等。将上述费用累计后进行汇总，求出单位工程预算造价；

② 复核，对项目填列、工程量计算公式、计算结果、套用的单价、采用的各项取费费率、数字计算、数据精确度等进行全面复核，以便及时发现差错，及时修改，提高预算的准确性；

③ 填写封面、编制说明，封面应写明工程编号、工程名称、工程量、预算总造价和单方造价、编制单位名称、负责人和编制日期以及审核单位的名称、负责人和审核日期等。编制说明主要应写明预算所包括的工程内容范围、依据的图纸编号、承包企业的等级和承包方式、有关部门现行的调价文件号、套用单价需要补充说明的问题及其他需说明的问题等。

2）实物法编制施工图预算 实物法编制施工图预算是先算工程量、人工、材料量、机械台班（即实物量），然后再计算费用和价格的方法。编制步骤如下：

① 准备资料，熟悉施工图纸；

② 计算工程量；

③ 套用基础定额，计算人工、材料、机械数量；

④ 根据当时、当地的人工、材料、机械单价，计算并汇总人工费、材料费、机械使用费，得出单位工程直接工程费；

⑤ 计算措施费、间接费、利润和税金，并进行汇总，得出单位工程造价（价格）；

⑥ 复核；

⑦ 填写封面、编写说明。

（2）综合单价法 既包括直接费、间接费、利润（酬金）、税金，也包括合同约定的所有工料价格变化风险等一切费用，是一种国际上通行的计价方式。综合单价法按其所包含项目工作的内容及工程计量方法的不同，又可分为以下几种表达形式：第一，参照现行预算定额（或基础定额）对应子目所约定的工作内容、工程量计算规则进行报价；第二，按招标文件约定的工程量计算规则，以及按技术规范规定的每一分部分项工程所包括的工作内容进行报价；第三，由投标者依据招标图纸、技术规范，按其计价习惯，自主报价，即工程量的计算方法、投标价的确定，均由投标者根据自身情况决定。

按照《建筑工程施工发包承包管理办法》的规定，综合单价是由分项工程的直接费、间接费、利润和税金组成的，而直接费是以人工、材料、机械的消耗量及相应价格确定的。计价顺序如下：

1）准备资料，熟悉施工图纸；

2）划分项目，按统一规定计算工程量；

3）计算人工、材料和机械数量；

4）套用综合单价，计算各分项工程造价；

5）汇总得分部工程造价；

6）各分部工程造价汇总得单位工程造价；

7）复核；

8）填写封面、编写说明。

"综合单价"的产生是使用该方法的关键。显然编制全国统一的综合单价是不现实或不可能的，而由地区编制较为可行。由于在每个分项工程上确定利润和税金比较困难，故可以编制含有直接费和间接费的综合单价，待求出单位工程总的直接费和间接费后，再统一计算单位工程的利润和税金，汇总得出单位工程的造价（图4-3）。

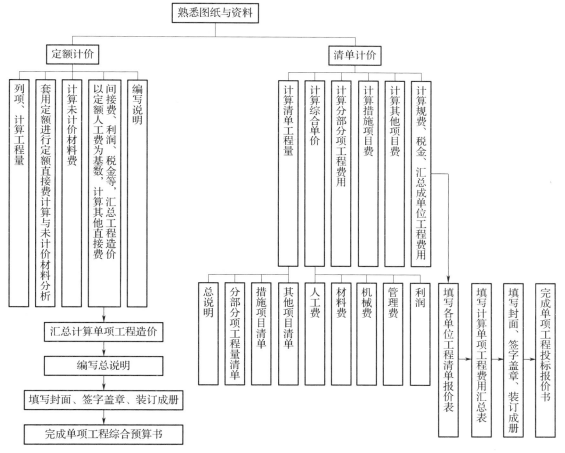

图4-3　施工图预算编制流程

（3）施工图预算的审查

1）施工图预算审查的意义

① 对降低工程造价具有现实意义；

② 有利于节约工程建设资金；

③ 有利于发挥领导层、银行的监督作用；

④ 有利于积累和分析各项技术经济指标。

2）施工图预算审查的内容

① 工程量审查；

② 设备、材料的预算价格审查；

③ 预算单价套用审查；

④ 有关费用项目及其计取审查。

3）施工图审查的方法

① 逐项审查法，又称全面审查法，即按定额顺序或施工顺序对各分项工程中的工程细目逐项全面详细审查的一种方法。

② 标准预算审查法，是对利用标准图纸或通用图纸施工的工程，先集中编制标准预算，并以此作为审查工程预算的一种方法。一般上部结构和做法一致，只有局部做少许改变的工程，预算审查以标准预算为准，对其他局部修改部分只需单独审查就可以。

③ 分组计算审查法，指将预算中有关项目按照类别划分成若干组，并利用同组中的一组数据进行审查分项工程量的一种方法。

④ 对比审查法，是当工程条件相同时，用已经完成工程的预算或还未完但是已经经过审查修正的工程预算对比审查拟建工程的同类工程预算的一种方法。

⑤ 筛选审查法，是将各分部分项工程加以汇集、优选，经过整合，找出其中单位建筑面积工程量、单价、用工的基本数值，将其归纳为工程量、价格、用工三个单方基本指标，在注明基本指标的适用范围后，用来筛分各分部分项预算的一种方法。

⑥ 重点审查法，就是抓住工程预算中的重点进行审查的方法，审查的重点一般是工程量大或者造价比较高的各种工程、补充定额、计取的各项费用（计取基础、取费标准）等。

以下介绍施工图预算审查方法的特点（表 4-2）。

表 4-2　　　　　　　　　　　　施工图预算审查的基本方法及其特点

| 审查方法 | 优点 | 缺点 | 适用范围 |
| --- | --- | --- | --- |
| 逐项审查法（全面审查法） | 全面、细致，审查质量高、效果好 | 工作量大，时间较长 | 适合于一些工程量较小、工艺比较简单的工程 |
| 标准预算审查法 | 时间短、效果好、易定案 | 适用范围小 | 仅适用于采用标准图纸的工程 |
| 分组计算审查法 | 审查速度快、工作量小 | 缺乏全局对比 | 适用于系统、成套的图纸 |
| 对比审查法 | 对比明确、易于分析 | 工作量大，时间较长 | |
| 筛选审查法 | 简单易懂、便于掌握，审查速度快，便于发现问题 | 问题出现后还需再次审查 | 适用于审查住宅工程或不具备全面审查条件的工程 |
| 重点审查法 | 能突出重点、审查时间短、效果好 | 适用范围小，时间较长 | 适用于局部详图与大样图 |

## 第二节　工程成本控制与核算

### 一、装饰工程成本控制

装饰工程成本是指以装饰工程作为成本核算对象的施工过程中所耗费的生产资料转移价值和劳动者的必要劳动所创造的价值的货币形式，也就是某一装饰工程项目在施工中所发生的全部费用的总和，它由人工费、材料费、施工机械使用费、措施项目费、施工管理费、其他税费等组成。具体包括所消耗的主要材料，结构件及其他材料，调转材料的摊销费，施工机械的台班或租赁费，施工人员的工资、资金以及项目部在管理工程施工中所发生的全部费用支出。

工程成本控制就是对工程的资金支出进行核

算和监控。成本控制工作是在成本控制计划的基础上开展的，它是根据各项工作需要的实际费用与计划费用进行比较，对成本费用进行评价，并对未完工程进行预测，使成本控制在预算范围之内的工作。施工阶段是控制建设工程项目成本发生的主要阶段，它通过确定成本目标并按计划成本进行施工、资源配置，对施工现场发生的各种成本费用进行有效的控制。

**1. 装饰工程成本的分类**

（1）按成本计价的定额标准分类　按成本计价的定额标准，装饰工程成本分为预算成本、计划成本和实际成本。以上各种成本计算既有联系，又有区别。通过几种成本的相互比较，可看出成本计划的执行情况。

1）预算成本，是按照装饰工程实物量和国家或地区或企业制定的预算定额及取费标准计算的社会平均成本或企业平均成本，是以施工预算为基础进行分析、预测、归集和计算确定的。预算成本包括直接成本和间接成本，是控制成本支出、衡量和考核项目实际成本节约或超支的重要尺度，表4-3是某厂房装修施工部分预算表，供参考。

表 4-3　　　　　　　　　　　　　　某厂房装修施工部分预算表

| 序号 | 项目名称 | 单位 | 工程量 | 单价 | 价格（元） | 工艺和主要材质说明及备注 |
|---|---|---|---|---|---|---|
| 一、墙、地面工程 | | | | | | |
| 1 | 厂房铝塑板宣传墙造型 | m² | 28.8 | 320 | 9216 | 宽6700mm×4300mm，木芯板基层，4mm厚上海吉祥牌白色与蓝色铝塑板贴面，周边安装100mm宽装饰线条，环氧结构胶铺贴，白色中性玻璃胶填缝，上下制作雕刻喷绘写真图案，人工主材辅材全包 |
| 2 | 铁皮工具箱 | m² | 4 | 380 | 1520 | 800mm×600mm，40件，长40m，面积为长40m×（高0.8m+深0.6m）=56m²，0.6mm厚外钢板，0.8mm承重内隔层钢板，磁铁开门铁皮柜，人工主材辅材全包 |
| 3 | 铁皮工具箱焊接固定 | m | 55 | 65 | 3575 | 甲方领导在现场指出要求工具箱固定，40mm角钢与扁钢焊接，防锈漆饰面，固定铁皮工具箱，两端封闭0.6mm钢板，粘贴醒目警示贴条，人工主材辅材全包 |
| 4 | 墙面开设空调洞口及粉刷 | 个 | 5 | 120 | 600 | 调试工坊、值班室、仓库开设空调洞口5个，直径63mm水钻孔，开孔后砂纸打磨周边、多乐士乳胶漆滚两次，人工主材辅材全包 |
| 5 | 1楼梯间环氧自流地坪 | m² | 70 | 45 | 3150 | 高强度等级环氧地坪，基础打磨及裂缝，伸缩缝处理；刮环氧树脂漆+石英砂；打磨及清扫；刮涂环氧树脂漆自流平腻子层；环氧树脂地坪涂料面层2遍，镘刮环氧树脂漆自流平面层，含踢脚线高度150mm涂刷，人工主材辅材全包 |
| 6 | 卫生间更衣间地面填平 | 个 | 4 | 220 | 880 | 5mm厚防滑钢板，膨胀螺栓固定，制作地面平板，涂刷防锈漆，人工主材辅材全包 |
| | 小计 | | | | 18941 | |
| 二、门窗工程 | | | | | | |
| 1 | 大铁门封门焊接 | 套 | 2 | 120 | 240 | 对现有大铁门焊接封闭，人工主材辅材全包 |
| 2 | 仓库门保温层制作 | m² | 22 | 220 | 4840 | 对仓库现有铁门制作保温层，宽4800mm，高4200mm，内置保温棉，中层封闭0.6mm镀锌钢板，表面封闭5mm保温泡沫装饰板，周边封闭防水玻璃胶，底部封闭防水水泥，人工主材辅材全包 |

续表

| 序号 | 项目名称 | 单位 | 工程量 | 单价 | 价格（元） | 工艺和主要材质说明及备注 |
|---|---|---|---|---|---|---|
| 3 | 人员进出玻璃门 | 套 | 1 | 1600 | 1600 | 12mm 厚对开钢化玻璃门，宽 1800mm× 高 2100mm，含五金件，腰线贴花等，人工主材辅材全包 |
| 4 | 人员进出大门后门防盗卷闸门 | 套 | 1 | 2800 | 2800 | 钢制防盗卷闸门，含五金件等，宽 1800mm，高 2050mm，人工主材辅材全包 |
| 5 | 窗防盗铁栏 | m² | 8 | 155 | 1240 | 实际核算比原预算增加 8m²，普通不锈钢防盗网，人工主材辅材全包 |
| 6 | 窗帘 | m² | 25 | 42 | 1050 | 遮光垂挂窗帘定做，窗户实测面积比原始建筑图纸大，此外增加了垂挂窗帘的 1.4 倍皱褶，人工主材辅材全包 |
| 7 | 拆除楼梯间走道门与人员进出大门 | 套 | 4 | 180 | 720 | 拆除现有楼梯间走道门与人员进出大门，人工主材辅材全包 |
| 8 | 卫生间玻璃窗喷涂玻璃漆 | m² | 15 | 15 | 225 | 喷涂玻璃漆，人工主材辅材全包 |
| 9 | 卫生间门与楼梯间门框重新涂刷同色油漆 | 扇 | 2 | 150 | 300 | 涂刷同色油漆，翻新，人工主材辅材全包 |
| 10 | 局部墙面裂缝修补 | m² | 8 | 22 | 176 | 刮腻子 2 遍、砂纸打磨、多乐士乳胶漆滚两次，人工主材辅材全包 |
| | 小计 | | | | 13191 | |

2）计划成本，是在预算成本的基础上，根据企业自身的要求，如内部承包的规定，结合装饰工程的技术特征、自然地理特征、劳动力素质、设备情况等确定的标准成本，亦称目标成本。计划成本是控制装饰工程成本支出的标准，也是成本管理的目标。

3）实际成本，是装饰工程项目在施工过程中实际发生的可以列入成本支出的各项费用的总和，是工程项目施工活动中劳动耗费的综合反映。

（2）按计算装饰工程成本对象的范围分类　按计算装饰工程成本对象的范围，工程成本可分为单位工程成本、分部工程成本和分项工程成本。

**2. 施工成本控制的依据**

施工成本控制的依据包括以下内容。

（1）工程承包合同　施工成本控制要以工程承包合同为依据，围绕降低工程成本这个目标，从预算收入和实际成本两方面，努力挖掘增收节支潜力，以求获得最大的经济效益。

（2）施工成本计划　施工成本计划是根据施工项目的具体情况制定的施工成本控制方案，既包括预定的具体成本控制目标，又包括实现控制目标的措施和规划，是施工成本控制的指导文件。

（3）进度报告　进度报告提供了每一时刻工程实际完成量、工程施工成本实际支付情况等重要信息。施工成本控制工作正是通过实际情况与施工成本计划相比较，找出二者之间的差别，分析偏差产生的原因，从而采取措施改进以后的工作。此外，进度报告还有助于管理者及时发现工程实施中存在的隐患，并在事态还未造成重大损失之前采取有效措施，尽量避免损失。

（4）工程变更　在项目的实施过程中，由于各方面的原因，工程变更是很难避免的。工程变更一般包括设计变更、进度计划变更、施工条件变更、技术规范与标准变更、施工次序变更、工程数量变更等。一旦出现变更，工程量、工期、成本都必将发生变化，从而使得施工成本控制工作变得更加复杂和困难。因此，施工成本管理人员就应当通过对变更要求中各类数据的计算、分析，随时掌握变更情况。

除了上述几种施工成本控制工作的主要依据以外，有关施工组织设计、分包合同文本等也都是施工成本控制的依据。

### 3. 施工成本控制的步骤

在确定了项目施工成本计划之后，必须定期地进行施工成本计划值与实际值的比较，当实际值偏离计划值时，分析产生偏差的原因，采取适当的纠偏措施，以确保施工成本控制目标的实现。步骤如下。

（1）比较　按照某种确定的方式将施工成本计划值与实际值逐项进行比较，以发现施工成本是否已超支。

（2）分析　在比较的基础上，对比较的结果进行分析，以确定偏差的严重性及偏差产生的原因。这一步是施工成本控制工作的核心，主要目的在于找出产生偏差的原因，从而采取有针对性的措施，减少或避免相同原因的再次发生或减少由此造成的损失。

（3）预测　根据项目实施情况估算整个项目完成时的施工成本。预测的目的在于为决策提供支持。

（4）纠偏　当工程项目的实际施工成本出现了偏差，应当根据工程的具体情况、偏差分析和预测的结果，采取适当的措施，以期达到使施工成本偏差尽可能小的目的。纠偏是施工成本控制

中最具实质性的一步。只有通过纠偏，才能最终达到有效控制施工成本的目的。

（5）检查　检查是指对工程的进展进行跟踪和检查，及时了解工程进展状况以及纠偏措施的执行情况和效果，为今后的工作积累经验。

### 4. 施工阶段成本控制方法

工程成本分为间接成本和直接成本。直接成本指在施工过程中消耗的构成工程实体和有助于工程形成的各项费用，包括人工费、材料费、施工机械使用费和其他直接费等成本费用。直接成本的控制是降低工程成本的关键，其中材料费又占工程成本的 60% ~ 70%，是影响成本的主要因素，因而是成本控制的重点所在。间接成本的支出与工程施工直接关系，主要是由项目管理机构的组成来决定。因此，要精简管理层，尽量选用一专多能型的管理人员，结合项目的特点成立有效的管理机构，同时对各项间接费用进行分解，制定合理间接费开支的各项指标，压缩开支。

> ★小知识
> **投标过程中成本控制**
>
> 投标过程中，在保持分部分项工程量清单综合单价不变的情况下，合理调整各个项目组价因素的比例，提高人工费单价，降低面层材料单价，为工程实施过程中，材料追加价款、重新认价创造前提和条件，以达到利润最大化的目的。

（1）人工费控制　按照"量价分离"的原则，一是对人工单价的控制；二是对项目消耗人工数量的控制。人工单价的控制主要是通过优化劳动组合来确定。一些技术含量高及主体工程以外的项目可分包给日工资单价比较低的施工队伍，以降低人工费，但是，目前装饰工程项目中，人工费单价的控制空间并不大，人工费的控

制主要是从用工方面着手，通过制订合理的劳动力计划，采用技术革新，不断提高队伍的技能，注意劳动组合和人员的配套，充分利用有效工作时间，尽量减少非生产人员数量等手段，以提高劳动生产率，降低人工消耗量。

（2）材料费的控制　是控制工程成本的关键。材料费的控制，按照"量价分离"的原则，一是对材料用量的控制，二是对材料价格的控制。

材料用量要按定额确定单项工程的材料消耗量，严格执行材料进场验收和限额领料制度，有效地控制材料损耗量；对没有消耗定额的材料，则实行计划管理和按指标控制的方法；准确做好材料物资的收发计量检查和投料计量工作；在材料使用过程中，对部分小型及零星材料根据工程量计算出所需材料量，将其折算出费用，由作业者包干控制。

材料价格主要由材料采购部门在采购过程中加以控制。材料采购是材料成本控制的源头，必须及时掌握市场价格的变化；要合理组织运输，采用经济的运输方式，降低运输成本；要对材料资源进行详细调查，根据施工计划，确保材料的均衡供应，尽可能降低材料储备。

（3）施工机械费的控制　机械费主要是由机械台班消耗量和台班单价两方面决定。为有效控制台班支出，要制订切实可行的施工组织设计，合理地配置施工机械的型号和数量，加强设备租赁计划管理，控制好机械租赁费用，避免设备闲置；要加强机械设备的调度工作，提高现场设备的利用率；要加强机械操作人员的技术培训及设备的维修和保养，提高设备的完好率；对于短缺机械，企业内部又调配不了的情况下，要进行购买与租赁的经济比较，购置设备数量力求从多个角度来全面降低机械使用的各种费用。

（4）加强合同管理，做好索赔工作　合同管理是一项重要的工作，项目经理部必须履行施工合同，在施工合同及补充合同签订后对合同内容、风险、重点或关键问题做出特别说明和提示，向各职能部门人员交底，落实施工合同约定的目标，依据施工合同指导工程实施和项目管理工作，避免因合同纠纷而造成的经济损失。索赔是挽回经济损失的重要途径之一，是合同管理的重要环节。项目经理部在履行施工合同期间，应注意收集、记录对方当事人违约事实的证据，作为索赔的依据。按施工合同文件有关规定，认真、如实、合理、正确地计算索赔的时间和费用，撰写索赔文件，及时提出高质量的索赔报告，为索赔成功和企业取得较好的经济效益打下坚实的基础。

（5）加强对分包工程的成本管理与控制　分包工程成本是整个项目成本的重要组成部分，因此，加强对分包工程的成本控制是建筑工程成本管理与控制的重要部分。

1）加强分包工程成本控制。首先要注意分包工程签约风险控制，签约前既要做好对分包队伍的资质、资信、信誉、实力的调查，同时还要做好对分包单位签约人或法定代表人的资格审查。

2）加强分包工程成本控制。重点在于施工阶段的实际成本控制。分包工程实际成本控制更多的要靠事前控制、人为行动控制、主动控制及建立严格的管理制定来组织实施。

3）建立外包工程付款制度、程序，并在合同条款中明确。

4）建立分包单位结算及付款台账，详细记录下因分包工程与分包单位发生的各项经济往来，包括工程内容、合同规定、已结算价款、领用材料款、已支付工程款、扣留工程保修金等经济事项，以便于统筹控制。

## 二、装饰工程成本核算

### 1. 装饰工程成本核算的内容和对象

根据财会〔2003〕27号文《施工企业会计核算办法》的规定，工程成本的成本项目具体包括以下内容：人工费、材料费、机械使用费、其他直接费和间接费用，其中前4项构成建筑安装工程的直接成本，第5项为建筑安装工程的间接成本，直接成本加上间接成本，构成建筑安装工程的生产成本。施工企业在核算产品成本时，就是按照成本项目来归集企业在施工生产经营过程中所发生的应计入成本核算对象的各项耗费。

一般来说，施工企业原则上应该以每一单位工程作为成本核算的对象，这是因为施工预算是按单位工程编制的。

### 2. 装饰工程成本核算的基本要求

（1）严格遵守国家规定的成本、费用开支范围　成本、费用开支范围是指国家对企业发生的各项支出，允许其在成本、费用中列支的范围。施工企业与施工生产经营活动有关的各项支出，都应当按照规定计入企业的成本、费用。

（2）加强成本核算的各项基础工作　成本核算的各项基础工作是保证成本核算工作正常进行，以及保证成本核算工作质量的前提条件。施工企业成本核算的基础工作主要包括以下内容：建立健全原始记录制定，建立健全各项财产物资的收发、领退、清查和盘点制度，制定或修订企业定额。

（3）划清各种费用界限　为了使施工企业有效地进行成本核算，控制成本开支，避免重记、漏记、错记或挤占成本的情况发生，施工企业应在成本核算过程中划清有关费用开支的界限。

（4）加强费用开支的审核和控制　施工企业要由专人负责，依据国家有关法律政策、各项规定及企业内容制定的定额或标准等，对施工生产经营过程中发生的各项耗费进行及时的审核和控制。

（5）建立工程项目台账　为了对各工程项目的基本情况做到心中有数，便于及时向企业决策部门提供所需信息，同时为有关管理部门提供所需要的资料，施工企业还应按单项施工承包合同建立工程项目台账（图4-4）。

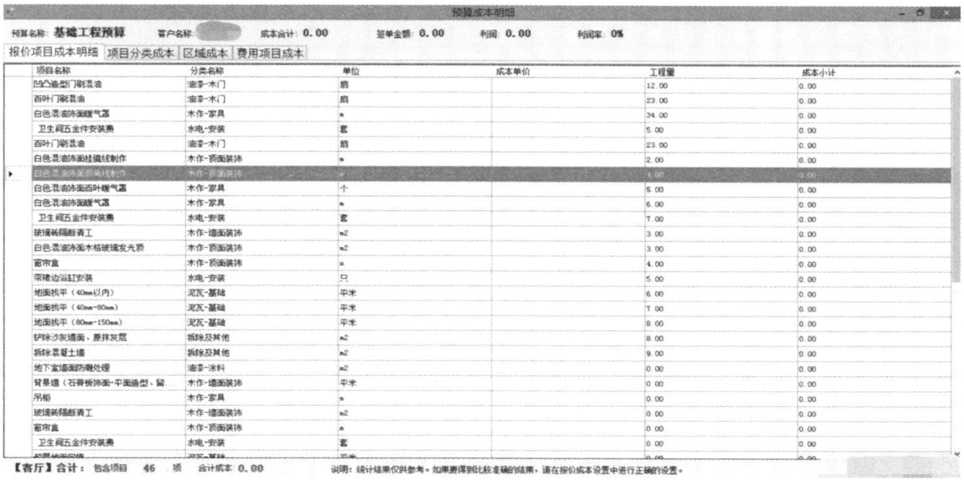

图4-4　某项目工程成本核算

★小知识
**成本核算方法**

工程施工成本的具体核算方法为：按照单个项目为核算对象，分别核算工程施工成本。项目未完工前，按单个项目归集所发生的实际成本。对已实际发生未报账的工程成本由项目部统计报财务部门进行工程施工成本暂估，在工程项目确认收入时结转工程施工成本。

### 3. 工程成本核算的程序

工程成本核算程序是指企业在具体组织工程成本核算时应遵循的步骤与顺序。按照核算内容的详细程度，可分为以下两个方面。

（1）工程成本的总分类核算程序　工程成本的总分类核算程序是指总括地核算工程成本时一般应采取的步骤和顺序。施工企业对施工过程中发生的各项工程成本，应先按其用途和发生的地点进行归集。其中，直接费用可以直接计入受益的各个工程成本核算对象的成本中；间接费用则需要先按照发生地点进行归集，然后再按照一定的方法分配计入受益的各个工程成本核算对象的成本中。并在此基础上，计算当期已收工程或竣工工程的实际成本。

（2）工程成本的明细分类核算程序　为了详细地反映工程成本在各个成本核算对象之间进行分配和汇总的情况，以便计算各项工程的实际成本，施工企业除了进行工程成本的总分类核算以外，还应记录各种施工生产费用的明细账，组织工程成本的明细分类核算。

工程成本的明细分类核算程序应与工程成本的总分类核算程序相适应。施工企业工程成本的核算主要包括以下步骤：分配各项施工生产费用；分配待摊费用和预提费用；分配辅助生产费用；分配机械作业；分配工程施工间接费用；

结算工程价款；确认毛利；结算完工施工产品成本。

★补充要点
**成本核算重要性原则**

重要性原则是指对于成本有重大影响的业务内容，应作为核算的重点，力求精确，而对于那些不太重要的琐碎的经济业务内容，可以相对从简处理，不要事无巨细，均作详细核算。坚持重要性原则能够使成本核算在全面的基础上保证重点，有助于加强对经济活动和经营决策有重大影响和有重要意义的关键性问题的核算，达到事半功倍，简化核算，节约人力、财力、物力，提高工作效率的目的。

## 第三节　实例分析：幼儿园改造成本预算

### 一、幼儿园改造介绍

该幼儿园是市示范级幼儿园，建于1958年。目前拥有教职工50多名，幼儿近500名，环境优美，教学设施齐全，师资力量雄厚，拥有与众不同的办园特色。该市示范级幼儿园为适应社会快速发展与家长要求，准备对园区户外景观进行整体改造，保持幼儿园娱教一体的方针，进行整体景观设计。

该工程主体建筑外墙重新涂装彩色乳胶漆，铲除外院所有墙面瓷砖，铲除主楼外墙涂料，全部涂装彩色乳胶漆。主楼底部墙面制作防水层，铺装全新蘑菇砖。改造外院舞台花坛、台阶与升旗台，铺装全新蘑菇砖。改造内院冬青树花坛、台阶，增设领操舞台，铺装全新蘑菇砖，局部种植灌木与花卉。制作一面舞台背景墙，制作两面照片展示墙，制作两面幼儿攀岩墙。保持内院红白墙面砖不变，局部修补。保持内院一楼走廊内墙面砖瓷砖不变，局部修补，重新涂抹走廊墙顶面乳胶漆。外院主要通道重新铺装防滑石材。其他地面全部铺装弹性彩色橡胶地坪。拆除内院建筑一楼走廊地面砖，铺装全新防滑地砖。全部工程周期约为 60 天。

图 4-5 鸟瞰整体效果图

## 二、改造效果图

以下是改造效果图，作为参考（图 4-5 至图 4-7）。

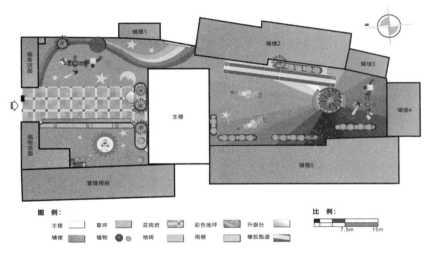

图 4-6 装饰平面布置效果图

图 4-7 实景参考图

## 三、实景拍摄

以下是部分改造前的实景拍摄图（图4-8）。

           (a)                                (b)

           (c)                                (d)

图4-8　实地拍摄

## 四、改造成本核算

以下是改造成本核算清单（表4-4）。

表4-4　　　　　　　　　　　　　　　　改造成本核算清单

| 序号 | 项目名称 | 单位 | 数量 | 单价/元 | 合计/元 | 材料工艺及说明 | 概算成本/元 | 备注 |
|---|---|---|---|---|---|---|---|---|
| 一、墙面工程 | | | | | | | | |
| 1 | 外院墙面瓷砖拆除 | m² | 352.00 | 30 | 10560.00 | 电锤拆除墙面砖，局部拆墙、渣土装车 | 7000 | |
| 2 | 外院墙面找平 | m² | 352.00 | 45 | 15840.00 | 水泥砂浆找平墙面，覆盖防裂纤维网，华新水泥 | 12000 | |
| 3 | 外院墙面彩色乳胶漆 | m² | 352.00 | 40 | 14080.00 | 成平外墙腻子找平基层2遍，打磨平整，放线定位，滚涂外墙彩色乳胶漆12种颜色，立邦漆 | 7000 | |

续表

| 序号 | 项目名称 | 单位 | 数量 | 单价/元 | 合计/元 | 材料工艺及说明 | 概算成本/元 | 备注 |
|---|---|---|---|---|---|---|---|---|
| 4 | 外院照片墙装饰造型 2 处 | m² | 30.00 | 320 | 9600.00 | 美岩板与木芯板，制作照片橱窗造型，局部防水层制作，有机玻璃板饰面，表面喷涂彩色醇酸漆，双虎漆 | 4500 | |
| 5 | 外院照片墙雨棚 2 处 | m² | 12.00 | 260 | 3120.00 | 折叠帆布条纹防雨棚 | 1800 | |
| 6 | 外院舞台背景墙制作 | m² | 48.00 | 350 | 16800.00 | 6# 角钢焊接框架，膨胀螺栓固定至墙体基层，铆钉固定 1.2mm 厚镀锌钢板，表面喷绘布覆盖 | 9500 | |
| 7 | 外院舞台两侧攀岩墙壁制作 | m² | 24.00 | 350 | 8400.00 | 墙面基层处理，真石漆喷涂，安装攀岩构件 | 5500 | |
| 8 | 主楼墙面底部防水处理（三面） | m² | 85.00 | 85 | 7225.00 | 基层处理，聚氨酯防水涂料刮涂墙面 3 遍，从地面起至一层窗台下檐 | 5000 | |
| 9 | 主楼墙面底部墙裙铺装蘑菇砖（三面） | m² | 85.00 | 175 | 14875.00 | 基层处理，水泥砂浆铺贴 500×250×6 蘑菇仿古砖铺贴，勾缝处理 | 11000 | |
| 10 | 主楼墙面基层处理（三面） | m² | 720.00 | 20 | 14400.00 | 铲除现有外墙乳胶漆，局部水泥砂浆与石膏粉补补，华新水泥 | | |
| 11 | 主楼墙面彩色乳胶漆（三面） | m² | 720.00 | 40 | 28800.00 | 成平外墙腻子找平基层 2 遍，打磨平整，放线定位，滚涂外墙彩色乳胶漆 12 种颜色，立邦漆 | 18000 | |
| 12 | 内院墙面条形砖局部修补 | m² | 20.00 | 150 | 3000.00 | 对现有白、蓝、红三色条形墙面砖局部修补，更换，按实际工程量结算 | 2000 | |
| 13 | 内院走廊墙面乳胶漆 | m² | 380.00 | 30 | 11400.00 | 成平外墙腻子找平基层 2 遍，打磨平整，放线定位，滚涂外墙彩色乳胶漆 1 种颜色，立邦漆 | 8000 | |
| 14 | 脚手架 | 套 | 5.00 | 1000 | 5000.00 | 钢质脚手架租赁、磨损、使用费用 | 4000 | |
| 15 | 电动吊篮 | 套 | 3.00 | 5500 | 16500.00 | 电动吊篮租赁、磨损、使用费用 | 12000 | |
| 16 | 施工耗材 | 项 | 1.00 | 9000 | 9000.00 | 电动工具损耗折旧、耗材更换、钻头、砂纸、打磨片、切割片、架梯、墨线盒、操作台、编织袋、泥桶、水桶水箱、扫帚、铁锹、劳保用品等 | 6000 | |
| 17 | 高空作业人员保险 | 人 | 8.00 | 520 | 4160.00 | 中国平安高空作业人身意外保险，每人保额 100 万元 | 3200 | |
| | 合计 | | | | 192760.00 | | | |
| 二、构造工程 | | | | | | | | |
| 1 | 幼儿园大门翻新改造 | 项 | 1 | 5000 | 5000.00 | 金属大门油漆修补，醇酸漆修补，屋顶电线增设架空，门面维修，局部改造等，双虎漆 | 4000 | |

续表

| 序号 | 项目名称 | 单位 | 数量 | 单价/元 | 合计/元 | 材料工艺及说明 | 概算成本/元 | 备注 |
|---|---|---|---|---|---|---|---|---|
| 2 | 花台台面铺装蘑菇砖 | m | 270.00 | 135 | 36450.00 | 基层处理，水泥砂浆铺贴 300×150×6 蘑菇仿古砖铺贴，勾缝处理，华新水泥 | 26000 | |
| 3 | 内院圆形花台改造领操台 | m² | 8.50 | 750 | 6375.00 | 轻质砖砌筑，素土夯实，水泥砂浆砌筑构造，铺装 600×600×20 花岗岩，不锈钢护栏，华新水泥 | 4000 | |
| 4 | 花坛内种植低矮灌木与花卉 | m² | 110.00 | 135 | 14850.00 | 保持现有乔木与树球不变，增加种植金边黄杨、红叶小檗等低矮灌木，增加四季花卉 | 10000 | |
| 5 | 施工耗材 | 项 | 1.00 | 5000 | 5000.00 | 电动工具损耗折旧、耗材更换，钻头、砂纸、打磨片、切割片、架梯、墨线盒、操作台、编织袋、泥桶、水桶水箱、扫帚、铁锹、劳保用品等 | 3000 | |
| | 合计 | | | | 67675.00 | | | |
| 三、地面工程 | | | | | | | | |
| 1 | 外院主要通道地面铺装花岗岩 | m² | 280.00 | 185 | 51800.00 | 放线定位，水泥砂浆找平墙面，铺装 600×600×20 花岗岩，双色，华新水泥 | 38000 | |
| 2 | 户外地面铺装彩色橡胶地坪 | m² | 1290.00 | 170 | 219300.00 | 基层处理，自流平水泥找平，涂刷界面剂，底层厚度 15mm，面层厚度 9mm，表面图案设计绘制 | 170000 | |
| 3 | 内院一层走廊地砖铲除 | m² | 195.00 | 30 | 5850.00 | 电锤拆除墙面砖，局部拆墙、渣土装车 | 4200 | |
| 4 | 内院一层走廊地砖铺装 | m² | 195.00 | 175 | 34125.00 | 基层处理，水泥砂浆铺贴 600×600×8 防滑地面砖铺贴，勾缝处理，华新水泥 | 27000 | |
| 5 | 施工耗材 | 项 | 1.00 | 5000 | 5000.00 | 电动工具损耗折旧、耗材更换，钻头、砂纸、打磨片、切割片、架梯、墨线盒、操作台、编织袋、泥桶、水桶水箱、扫帚、铁锹、劳保用品等 | 3000 | |
| | 合计 | | | | 316075.00 | | | |
| 四、其他工程 | | | | | | | | |
| 1 | 现有儿童游乐设施拆装 | 项 | 1.00 | 2000 | 2000.00 | 拆除人工、除锈剂、替换螺栓、五金配件、搬运、安装 | 1500 | |
| 2 | 材料运输费 | 项 | 1.00 | 3000 | 3000.00 | 材料市场到施工现场的运输费用 | 2000 | |
| 3 | 材料搬运费 | 项 | 1.00 | 3000 | 3000.00 | 材料市场搬运上车，施工现场搬运下车 | 2000 | |
| 4 | 垃圾清运费 | 项 | 1.00 | 6000 | 6000.00 | 建筑垃圾装车，运到当地城管部门指定位置，卸车 | 3000 | |
| | 合计 | | | | 14000.00 | | 66000 | 业务公关 |

续表

| 序号 | 项目名称 | 单位 | 数量 | 单价/元 | 合计/元 | 材料工艺及说明 | 概算成本/元 | 备注 |
|---|---|---|---|---|---|---|---|---|
| 5 | 工程直接费 | | | | 590510.00 | 上述项目之和 | 5000 | 设计费 |
| 6 | 设计费 | m² | 1765.00 | 8 | 14120.00 | 现场测量、施工图、效果图、预算报价，按建筑面积计算 | 10000 | 项目经理工资 |
| 7 | 工程管理费 | | | | 29525.50 | 工程直接费 ×5% | 12000 | 施工管理差旅费 |
| 8 | 税金 | | | | 22879.31 | （工程直接费+设计费+工程管理费）× 3.69% | 23000 | 发票财务抵税 |
| 9 | 工程总造价 | | | | 657034.81 | （工程直接费 + 设计费 + 工程管理费 + 税金） | 530200 | |
| 工程补充说明 | | | | | | | | |
| 1 | 此报价不含物业管理与行政管理所收任何费用，不含城管、公安、工商、消防等部门行政的审批、备案、审核费用 | | | | | | | |
| 2 | 施工中项目和数量如有增加或减少，则按实际施工项目和数量结算工程款 | | | | | | | |

可以看到该幼儿园改造的成本预算控制非常合理，从墙面到地面等等细节都做到了严格把控。在成本预算过程中，要根据实际情况进行合理的控制，以求达到质量与性价比的最大化。

## ★ 课后练习

1. 编制定额的方法及其特点是什么？
2. 技术测定法的概念及其特点是什么？
3. 测时法的概念及其特点是什么？
4. 写实记录法的概念及其特点是什么？
5. 经验估计法的概念及其特点是什么？
6. 统计计算法的概念及其特点是什么？
7. 简述预算定额的特性。
8. 简述预算定额的编制原则。
9. 简述施工图预算的概念及其作用。
10. 简述施工图预算的编制依据。
11. 讲述施工图预算的编制方法。
12. 简述施工成本控制的依据和步骤。
13. 讲述施工成本控制的方法。
14. 简述工程成本核算的程序。

# 第五章　工程技术与质量管理

PPT 课件，请在
计算机上阅读

**学习难度：**★ ★ ★ ☆ ☆

**重点概念：**工程资源管理、质量控制、管理体系

## 章节导读

　　装饰工程项目技术资源管理的特点主要表现为：装饰工程所需资源的种类多、需求量大以及装饰工程项目建设过程中所表现的非均衡性；资源供应受外界影响大，具有复杂性和不确定性，资源经常需要在多个装饰项目中协调；资源对装饰工程成本的影响大。因此资源管理的科学与否直接影响装饰项目的经济效益。

　　质量管理是指："确定质量方针、目标和职责，并在质量体系中通过诸如质量策划、质量控制、质量保证和质量改进使其实施的全部管理职能的所有活动。"质量管理是项目组织在整个生产和经营过程中，围绕着产品质量形成的全过程实施的，是项目组织各项管理的主线。通过本章内容的学习，帮助读者在工程实施过程中能够结合实际情况进行质量的控制，保证高质量完成工程任务（图5-1）。

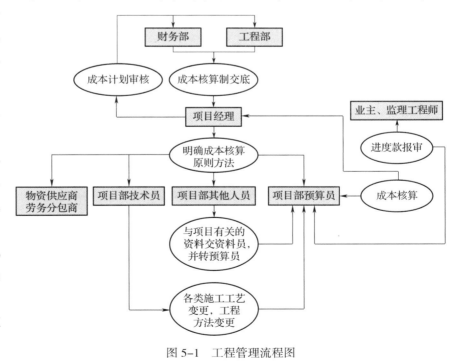

图 5-1　工程管理流程图

## 第一节　工程资源与信息管理

### 一、装饰工程资源管理

#### 1. 资源管理

（1）装饰工程资源管理　装饰工程资源是装饰项目中使用的人力资源、材料、机具设备、技术、资金和基础设备等的总称。装饰工程项目资源管理是指对装饰项目所需人力、材料、机具设备、技术、资金和基础设施所进行的计划、组织、指挥、协调和控制等的活动。

（2）装饰工程项目资源管理的内容主要包括人力资源管理、材料管理、机具设备管理、技术管理和资金管理五个方面（图5-2）。

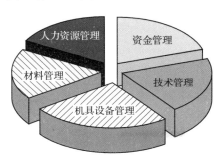

图5-2　资源管理内容

1）人力资源管理　是指能够推动经济和社会发展的体力和脑力劳动者。在装饰项目中，人力资源包括不同层次的管理人员和参与装饰项目的各种工人。装饰项目人力资源管理是指装饰项目组织对该装饰项目的人力进行的科学的计划、适当的培训、合理的配置、准确的评估和有效的激励等一系列管理工作。

2）材料管理　建筑材料成本占整个建筑装饰工程造价的比重为2/3～3/4。加强装饰项目的材料管理，对于提高装饰工程质量，降低装饰工程成本都将起到积极的作用。

建筑材料分为主要材料、辅助材料和周转材料。

3）机具设备管理　机具设备往往实行集中管理与分散管理结合的办法，主要任务在于正确选择机具设备，保证机具设备在使用中处于良好状态，减少机具设备闲置、损坏，提高施工效率和利用率。

在装饰项目中，机具设备的供应来自于四种渠道，即企业自有设备（这里指的为配合装饰工艺成品化施工所需要购买的）、本企业专业租赁公司租用、市场租赁设备以及分包方自带机具设备。

4）技术管理　是指装饰项目实施的过程中对各项技术活动和技术工作的各种资源进行科学管理的总称。

5）资金管理　装饰项目资金管理应以保证收入、节约支出、防范风险和提高经济效益为目的。通过对资金的预测和对比及装饰项目资金计划等方法，不断地进行分析和对比、计划协调和考核，以达到降低成本，提高效益的目的。

（3）装饰工程项目资源管理的责任分配　将人员配备工作与装饰项目工作分解结构相联系，明确表示出工作分解结构中的每个工作单位由谁负责，由谁参与，并表示了每个人在装饰项目中的地位（表5-1）。

表5-1　　　　　　　　　　　　　　　　责任分配一览表

| WBS | 装饰项目经理 | 总装饰工程师 | 装饰工程技术部 | 人力资源部 | 质量管理部 | 安全监督部 | 合同预算部 | 物资供应部 |
|---|---|---|---|---|---|---|---|---|
| 管理规划 | D | M | C | A | A | A | A | A |
| 进度管理 | D | M | C | A | A | A | A | A |
| 质量管理 | D | M | A | A | C | A | A | A |
| 成本管理 | DM | A | A | A | A | A | A | A |

续表

| WBS | 装饰项目经理 | 总装饰工程师 | 装饰工程技术部 | 人力资源部 | 质量管理部 | 安全监督部 | 合同预算部 | 物资供应部 |
|---|---|---|---|---|---|---|---|---|
| 安全管理 | D | M | A | A | A | C | A | A |
| 资源管理 | DM | A | A | C | A | A | A | C |
| 现场管理 | D | M | C | A | A | A | A | A |
| 合同管理 | DM | M | A | A | A | A | C | A |
| 沟通管理 | D | A | C | A | A | A | A | A |

注：D 表示决策；M 表示主持；C 表示主管；A 表示参与。

责任分配矩阵是一种将所分解的工作任务落实到装饰项目有关的部门或者个人，并明确表示出他们在组织工作中的关系、责任和地位的方法和工具，它是以组织单位为行、工作单元为列的矩阵图。

矩阵中的符号表示装饰项目工作人员在每个工作单元中的参与角色或责任，用来表示工作任务参与类型的符号有多种形式，常见的有字母、数字和几何图形。

图 5-3　人力资源管理

★小知识

**资源配置计划**

足够的资源投入是保证工期顺利实现的基本条件之一，在人员、材料、机械设备、资金等方面优势资源的充分投入，才能确保工期目标的实现。按照施工组织设计的要求，根据工程控制计划要求，进行工料分析，相应编制人员进场计划、材料进场计划、机械设备使用计划、资金使用计划，以保证各种资源能满足工程计划周期内的需要。

人力资源具有再生性。人口的再生产和劳动力再生产，通过人口总体和劳动力总体内各个体的不断替换、更新和恢复的过程得以实现。

（2）人力资源计划　是从装饰项目的目标出发，根据内外部环境的变化，提高对装饰项目未来人力资源需求的预测，确定完成装饰项目所需人力资源的数量和质量，各自的工作任务及其相关关系的过程。

人力资源计划主要阐述人力资源在何时、以何种方式加入和离开装饰项目组。人员计划可能是正式的，也可能是非正式的，可能是十分详细的，也可能是框架概括型的，均依据装饰项目的需要而定。

（3）人力资源需求的确定

1）装饰项目管理人员需求的确定应根据岗位编制计划，使用合理的预测方法进行预测。在人员需求中，应明确需求的职务名称、人员需求数量、知识技能等方面的要求，招聘的途径，招

## 2. 人力资源管理

（1）人力资源的基本特点　人力资源以人的身体和劳动为载体，是一种"活"的资源，并与人的自身生理特征相联系。这一特点决定了人力资源使用过程中需要考虑工作的环境、工作风险、时间弹性等非经济和非货币因素（图 5-3）。

聘的方式，选择的方法、程序，希望到岗时间等，最终要形成一个有员工数量、招聘成本、技能要求、工作类别及为完成组织目标所需的管理人员数量和层次的分列表。

2）劳动力需要量计划表是根据施工方案、施工进度和预算，依次确定专业工种、进场时间、劳动量和工人数，然后汇集成表格形式，可作为现场劳动力调配的依据（表5-2）。

表5-2 　　　　　　　　　　为装饰施工组织设计中常见的劳动力需要量计划表参考模版

| 序号 | 专业工种 | | 劳动量 | 需要时间 | | | | | | | | | 备注 |
|---|---|---|---|---|---|---|---|---|---|---|---|---|---|
| | 名称 | 级别 | | 月 | | | 月 | | | 月 | | | |
| | | | | I | II | III | I | II | III | I | II | III | |
| | | | | | | | | | | | | | |
| | | | | | | | | | | | | | |
| | | | | | | | | | | | | | |

3）劳务人员的优化配置应根据承包装饰项目的施工进度计划和各工种需要数量进行。装饰项目经理会根据计划与劳务合同，在合格劳务承包队伍中进行有效调配。表5-3是某建筑装饰项目中根据劳动量对劳务人员配备的表格，是合格劳务承包配置表。

表5-3 　　　　　　　　　　　　　合格劳务承包配置表

| 序号 | 班组名称 | 班组负责人 | 分包内容 | 分包方式 | 调配方式 |
|---|---|---|---|---|---|
| 1 | 石材班组 | | 2层柱，墙面干挂玻化砖 | 人工 | 随进度进场 |
| 2 | 泥工班组 | | 室内玻化砖，水泥砂浆地面 | 人工 | 随进度进场 |
| 3 | 木工班组 | | 室内轻钢龙骨吊顶、木制作 | 人工 | 随进度进场 |
| 4 | 木工班组 | | 室内轻钢龙骨吊顶、木制作 | 人工 | 随进度进场 |
| 5 | 油漆班组 | | 室内乳胶漆、清漆 | 人工 | 随进度进场 |
| 6 | 钢结构班组 | | 大厅柱、墙面钢结构 | 人工 | 随进度进场 |
| 7 | 电工班组 | | 临时用电 | 人工 | 随进度进场 |
| 8 | 综合班组 | | 现场搬运和施工垃圾清理 | 人工 | 随进度进场 |

（4）人力资源控制　应包括人力资源的选择、签订施工分包合同、人力资源培训等内容。

1）人力资源的选择要根据装饰项目需求确定人力资源的性质、数量、标准及组织中工作岗位的需求，提出人员补充计划；对有资格的求职人员提供均等的就业机会；根据岗位要求和条件允许来确定合格人选。

2）签订施工分包合同有专业装饰工程分包合同与劳务作业分包合同之分。分包合同的发包人一般是取得施工总承包合同的承包单位，分包合同中一般仍沿用施工总承包合同中的名称，即称为承包人；分包合同的承包人一般是专业化的专业装饰工程施工单位或劳务作业单位，在分包合同中一般称为分包人或劳务分包人。

施工分包合同承包方式有两种：一是按施工预算或投标价承包；二是按施工预算中的清单装饰工程量承包。劳务分包合同的内容应包括：装饰工程名称，工作内容及范围，提供劳务人员的数量，合同工期，合同价款及确定原则，合同价款的结算和支付，安全施工，重大伤亡及其他安全事故处理，装饰工程质量，验收与保修，工期延误，文明施工，材料机具供应，文物保护，发包人、承包人的权利和义务，违约责任等。同时还应考虑劳务人员的各种保险和共同管理。

3）人力资源培训包括培训岗位、培训人数、培训内容、培训目标、培训方法、培训地点和培训费用等，应重点培训生产线关键岗位的操作运行人员和管理人员。人员的培训时间应与装饰项目的建设进度相衔接，如设备操作人员应在设备安装调试前完成培训工作，以便这些人员参加设备安装、调试过程，熟悉设备性能，掌握处理事故技能等，保证装饰项目顺利完成。组织应重点考虑供方、合同方人员的培训方式和途径，可以由组织直接进行培训，也可以根据合同约定由供方、合同方自己进行培训。

人力资源培训包括管理人员的培训和工人的培训。

（5）装饰项目人力资源考核是指对装饰项目组织人员的工作给予评价。考核是一个动态过程，通过考核的形式，使装饰项目的管理更为良性地循环，考核的过程具有过程性与不确定性的特点。

### 3. 材料管理

（1）建筑装饰工程材料管理的任务

材料管理的任务归纳起来就是"供"、"管"、"用"三字，具体任务如下：

1）编好材料供应计划，合理组织货源，做好供应工作；

2）按施工计划进度需要和技术要求，按时、按质、按量配套供应材料；

3）严格控制、合理使用材料，以降低消耗；

4）加强仓库管理，控制材料储存，切实履行仓库管理和监督的职能；

5）建立健全材料管理规章制度，使材料管理条例化。

（2）材料计划

1）材料供应计划。该计划是建筑装修施工企业施工技术财务计划的重要组成部分，是为了完成施工任务，组织材料采购、订货、运输、仓储及供应管理各项业务活动的行为指南。计算公式为：

$$材料供应量 = 需用量 - 期初库存量 + 周转库存量$$

2）材料采购计划，它是根据需用量计划而编制的材料市场采购计划。计算公式为：

$$材料采购量 = 计划期需用量 + 计划期末储备量 -$$
$$计划期的预计库存量、其他内部资源量$$

3）材料计划的执行和检查。材料计划编制后，要积极组织材料供应计划的执行和实现，要明确分工，各部门要相互支持、协调配合，搞好综合平衡，及时发现问题，采取有效措施，保证计划的全面完成。

（3）材料的运输与库存

1）材料的运输是材料供应工作的重要环节，材料运输管理要贯彻"及时、准确、安全、经济"的原则，搞好运力调配、材料发运与接运，有效地发挥运力作用。

2）材料的库存管理是材料管理的重要组成部分。材料库存管理工作的内容和要求主要有：合理确定仓库的地点、面积、结构和储存、装饰、计量等仓库作业设施的配备；精心计算库存，建立库存管理制度；做好物资验收入库，做到科学保管和保养；做好材料的出库和退库工作；做好清仓盘点和到库工作。此外，材料的仓库管理应当积极配合生产部门做好消耗考核和成本核算，以及回收废旧物资，开展综合利用（图5-4）。

图 5-4 材料管理

（4）材料的现场管理

1）施工准备阶段的材料管理包括：做好现场调查和规划；根据施工图预算和施工预算，计算主要材料需用量；结合施工进度，分期分批组织材料进场并为定额供料做好准备；配合组织预制构配件加工订货；落实使用构配件的顺序、时间及数量；规划材料堆放位置，按先后顺序组织进场，为验收保管创造条件。

2）施工阶段的材料管理。施工阶段是材料投入使用、形成建筑产品的阶段，是材料消耗过程的管理阶段，同时贯穿着验收、保管和场容管理等环节，是现场材料管理的中心环节。

主要内容包括：根据工程进度的不同阶段所需的各种材料，及时、准确、配套地组织进场，保证施工顺利进行，合理调整材料堆放位置，尽量做到分项工程结束后废料同样已清理干净；认真做好材料消耗过程的管理，健全现场材料领退料交接制度、消耗考核制度、废旧回收制度，健全各种材料收发（领）退原始记录和单位工程材料消耗台账；认真执行定额供料制，积极推行"定、包、奖"，即定额供料、包干使用、节约奖励的办法，鼓励降低材料消耗；建立健全现场容管理责任制，实行划区、分片、包干责任制，促进施工人员及队组保持作业场地整洁，搞好现场堆料区、库存、料棚、周转材料及其场的管理。

3）施工收尾阶段的材料管理是现场材料管理的最后阶段，主要内容包括：认真做好收尾准备工作，控制进料，减少余料，拆除不用的临时设施，整理、汇总各种原始资料、台账和报表；全面清点现场及库存材料；核算工程材料消耗量，计算工程成本；工完场清，余料清理。

**4. 机具设备管理**

随着装饰行业的迅速发展，建筑装饰施工组织的技术装备得到了较大的改善和发展，并在装饰施工组织中得到重视，建筑装饰机具设备已成为现代建筑装饰的主要生产要素之一。

在装饰施工组织中，不仅在装备品种、数量上有了较大的增加，而且拥有了一批应用高技术和机电一体化的先进设备。为使装饰项目组织管好、用好这些设备，充分发挥机具设备的效能，保证机具设备的安全使用，确保施工现场的机具设备处于完好技术状态，预防和杜绝施工现场重大机具伤害事故和机具设备事故的发生，需要建立切实可行的机具设备管理机制。

（1）装饰工程施工机具设备管理任务　是全面科学地做好机具设备的选配、管理、保养和更新，保证为企业提供适宜的技术装备，为机具化施工提供性能好、效率高、作业成本低、操作安全的机具设备，使施工活动建立在最佳的物质技术基础上，不断提高经济效益。

（2）机具设备管理计划

1）机具设备需求计划。机具设备选择的依据是装饰项目的现场条件、工程特点、工程量及工期。

对于主要施工机具，如挖土机、起重机等的需求量，要根据施工进度计划、主要施工方案和工程量、套用机具产量定额求得；对于辅助机具，可以根据建筑安装工程10万元扩大概算指标求得；对于运输的需求量，应根据运输量计算。

装饰项目所需要的机具设备可由四种方式提供：从本企业专业租赁公司租用、从社会上的机具设备租赁市场租用、分包队伍自备设备、企业新购买设备（表5-4）。

表5-4　　机具设备需求计划表参考模版

| 序号 | 机具设备名称 | 型号 | 规格 | 功率/kW | 需求量 | 使用时间 | 备注 |
|---|---|---|---|---|---|---|---|
| 1 | | | | | | | |
| 2 | | | | | | | |
| 3 | | | | | | | |

2）机具设备使用计划。装饰项目经理部应根据工程需求编制机具设备使用计划，报组织领导或组织有关部门审批，编制依据是工程施工组织设计。机具设备使用一般由项目经理部机具管理员或施工准备员负责编制。中、小型设备机具一般由装饰项目经理部主管经理审批，主要考虑机具设备配置的合理性（是否符合使用、安全要求）以及是否符合资源要求，包括租赁企业、安装设备组织的资源要求，设备本身在本地区的注册情况及年检情况，操作设备人员的资格情况等。

3）机具设备保养与维修计划。机具设备使用的过程中，保护装置、机具质量、可靠性等都有可能发生变化，因此，机具设备使用过程中的保养与维护是确保其安全、正常使用的必不可少的手段。

机具设备保养的目的是保持机具设备的良好技术状态，提高设备运转的可靠性和安全性，减少零件的磨损，延长使用寿命，降低消耗，提高经济效益。

（3）机具设备管理 包括机具设备购置与租赁、使用管理、操作人员管理、报废和出场管理等。

机具设备管理控制任务是：正确选择机具；保证机具设备在使用中处于良好状态；减少闲置和损坏；提高机具设备使用效率及产出水平；机具设备的维护和保养。

1）机具设备的购置。大型机具设备以及特殊设备的购买应在调研的基础上写出经济技术可行性分析报告，经专业管理部门审批后，方可购买；中、小型机具应在调研的基础上，选择性价比较好的产品。机具设备的选择原则是：适用于装饰项目要求，使用安全可靠，技术先进、经济合理。

在有多台同类机具设备可供选择时，要综合考虑它们的技术特性（表5-5）。

表 5-5　　　　机具设备技术特性表

| 序号 | 内容 | 序号 | 内容 |
|---|---|---|---|
| 1 | 工作效率 | 8 | 运输、安装、拆卸及操作的难易程度 |
| 2 | 工作质量 | 9 | 灵活性 |
| 3 | 使用费用和维修费 | 10 | 在同一现场服务装饰项目的数量 |
| 4 | 能源消耗费 | 11 | 机具的完好性 |
| 5 | 占用的操作人员和辅导工作人员 | 12 | 维修难易程度 |
| 6 | 安全性 | 13 | 对气候的适应性 |
| 7 | 稳定性 | 14 | 对环境保护的影响程度 |

2）机具设备及周转材料的租赁，是施工企业向租赁公司（站）及拥有机具和周转材料的单位支付一定租金、取得使用权的业务活动。这种方法有利于加速机具和周转材料的周转，提高其使用效率和完好率，减少资源的浪费。

3）机具设备的使用应实行定机、定人、定岗位的三定制度，有利于操作人员熟悉机械设备特性，熟练掌握操作技术，合理和正确地使用、维护机械设备，提高枢机效率；有利于大型设备的单机经济核算和考评操作人员使用机械设备的经济效果；也有利于定员管理、工资管理。具体做法如下：

① 人机固定，指实行机械使用、保养责任制，将机械设备的使用效益与个人经济利益联系起来。

② 实行操作证制度。坚持实行操作制度，无证不准上岗，采取办培训班、进行岗位训练等形式，有计划、有步骤地做好培养和提高工作。专用机械的专门操作人员必须经过培训和统一考试，确认合格，给予操作证。这是保证机械设备得到合理使用的必要条件。

③ 遵守合理使用规定即防止机件早期磨损，延长机械使用寿命和修理周期。实行单机或机组核算，根据考核的成绩实行奖惩，这也是一项提

高机械设备管理水平的重要措施。

④ 建立设备档案制度即记录和统计设备情况，为使用和维修提供方便。

⑤ 合理组织机械设备施工，即必须加强维修管理，提高机械设备的完好率和单机效率，并合理地组织机械的调配，搞好施工的计划工作。

⑥ 搞好机械设备的综合利用。机械设备的综合利用是指现场安装的施工机械尽量做到一机多用。尤其是垂直运输机械，必须综合利用，使其效率充分发挥。它负责垂直运输各种构件材料，同时用作回转范围内的水平运输、装卸车等。因此要按小时安排好机械的工作，充分利用时间，大力提高其利用率。

⑦ 要努力组织好机械设备的流水施工。即当施工的推进主要靠机械而不是人力的时候，划分施工段的大小必须考虑机械的服务能力，将机械作为分段的决定因素。要使机械连续作业，不停歇，必要时"歇人不歇马"，使机械三班作业。一个施工项目有多个单位工程时，应使机械在单位工程之间流水，减少进出场时间和装卸费用。

⑧ 机械设备安全作业。即项目经理部在机械作业前应向操作人员进行安全操作交底，使操作人员对施工要求、场地环境、气候等安全生产要素有清楚的了解。项目经理部按机械设备的安全操作要求安排工作和进行指挥，不得要求操作人员违章作业，也不得强令机械带病操作，更不得指挥和允许操作人员野蛮施工。

⑨ 为机具设备的施工创造良好条件。即现场环境、施工平面图布置应适合机械作业要求，交通道路畅通无障碍，夜间施工安排好照明。协助机械部门落实现场机械标准化。

4）机具设备操作人员管理。指机具设备操作人员必须持上岗证，即通过专业培训考核合格后，经有关部门注册，操作证年审合格，在有效期内，且所操作的机种与所持证上允许操作机种

相吻合。此外，机具操作人员还必须明确机组人员责任制，并建立考核制度，奖优罚劣，使机组人员严格按照规范作业，并在本岗位上发挥出最优的工作业绩。责任制应对机长、机员分别制定责任内容，对机组人员应做到责、权、利三者相结合，定期考核，奖罚明确到位，以激励机组人员努力做好本职工作，使其操作的设备在一定条件下发挥出最大效能。

5）机具设备报废和出场，机具设备属于下列情况之一的应当更新。

① 设备损耗严重，大修理后性能、精度仍不能满足规定要求的；

② 设备在技术上已经落后，耗能超过标准20%以上的；

③ 设备使用年限长，已经经过四次以上大修或者一次大修费用超过正常大修费用1倍的；

（4）机具设备的保养分为例行保养和强制保养 例行保养属于正常使用管理工作，不占用机具设备的运行时间，由操作人员在机具使用前期和中间进行。内容主要有：保持机具的清洁，检查运行情况，防止机具腐蚀，按技术要求坚固易于松脱的螺栓，调整各部位不正常的行程和间隙。

强制保养是按一定周期，需要占用机具设备的运转时间而停工进行的保养。这种保养是按一定周期的内容分级进行的，保养周期根据各类机具设备的磨损规律、作业条件、操作维修水平及经济性四个主要因素确定，保养级别由低到高，如起重机、挖土机等大量设备要进行一到四级保养，汽车、空压机等进行一到三级保养，其他一般机具设备进行一级、二级保养。

## 5. 技术管理

装饰工程技术管理是指在施工生产经营活动中，对各项技术活动与其技术要素的科学管理。所谓技术活动，是指技术学习、技术运用、技术改造、技术开发、技术评价和科学研究的过程。

所谓技术要素，是指技术人才、技术装备和技术信息等。

技术管理的基本任务是：正确贯彻党和国家各项技术政策和法令，认真执行国家和上级制定的技术规范、规程，按照创造全优工程的要求，科学地组织各项技术工作，建立正常的技术工作秩序，提高建筑装饰装修施工企业的技术管理水平，不断革新原有技术和采用新技术，达到保证工程质量、提高劳动效率、实现生产安全、节约材料和能源、降低工程成本的目的。

（1）技术管理　内容可以分为基础工作和业务工作两大部分。

1）基础工作是指为开展技术管理活动创造前提条件的最基本的工作。它包括技术责任制、技术标准与规模、技术原始记录、技术文件管理、科学研究与信息交流等工作。

2）业务工作是指技术管理中日常开展的各项业务活动。它主要包括以下几项工作：

① 施工技术准备工作包括图纸会审、编制施工组织设计、技术交底、材料技术检验、安全技术等；

② 施工过程中的技术管理工作包括技术复核、质量监督、技术处理等；

③ 技术开发工作包括科学技术研究、技术革新、技术引进、技术改造和技术培训等。

基础工作和业务工作是相互依赖，缺一不可的。基础工作为业务工作提供必要的条件，任何一项技术业务工作都必须要靠基础工作才能进行。但企业做好技术管理的基础工作不是最终目的，技术管理的基本任务必须要由各项具体的业务工作才能完成。

（2）技术档案管理　是按照一定的原则、要求、经过移交、整理、归档后保管起来的技术文件材料。它既记录了各建筑物、构筑物的真实历史，更是技术人员、管理人员和操作人员智慧结晶，技术档案实行统一领导，分专业管理。资料收集应做到及时、准确、完整，分类正确，传递及时，符合地方法规要求，无遗留问题。

（3）装饰项目技术管理考核　包括对技术管理工作计划的执行，施工方案的实施，技术措施的实施，技术问题的处置，技术资料收集、整理和归档以及技术开发、新技术和新工艺应用等情况进行的分析和评价。

### 6. 装饰项目资金管理

（1）装饰工程项目资金流动　包括装饰项目资金的收入与支出。装饰项目收入与支出计划管理是装饰项目资金管理的重要内容，要做到收入有规定，支出有计划，追加按程序；做到在计划范围内一切开支有审批，主要大宗工料支出有合同，使装饰项目资金运营在受控状态。装饰项目经理主持此项工作，由主管业务部门分别编制，财务部门汇总平衡。

装饰项目资金收支计划的编制，是装饰项目经理部资金管理工作中首先要完成的工作，一方面需要上报企业管理层审批，另一方面装饰项目资金收支计划是实现装饰项目资金管理目标的重要手段。

（2）资金控制　包括保证资金收入与控制资金支出。生产的正常进行需要一定的资金保证，装饰工程项目部的资金来源包括：组织（公司）拨付资金，向发包人收取的工程款和备料款，以及通过组织（公司）获得的银行贷款等。对工程装饰项目来讲，收取工程款的备料款是装饰项目资金的主要来源，重要是工程款收入。由于工程装饰项目的生产周期长，采用的是承发包合同形式，工程价款一般按月度结算收取，因此要抓好月度价款结算，组织好日常工程价款收入，管好资金入口。

控制资金支出主要是控制装饰项目资金的出口。施工生产直接或间接的生产费用投入需消耗大量资金，要精心计划，节约使用资金，以保证装饰项目部的资金支付能力。一般来说，工、料、机的投入有的要在交易发生期支付货币资金，有的可作为流动负债延期支付。从长期角度讲，工、料、机投入都要消耗定额，管理费用要有开支标准。

要抓好开源节流，组织好工料款回收，控制好生产费用支出，保证装饰项目资金正常运转。在资金周转中投入能得到补偿，得到增值，才能保证生产继续进行。

## 二、装饰工程信息管理

### 1. 工程项目信息管理概述

随着科学技术和电脑网络的发展，人类正在进入一个高度发展的新时代，这个时代就是人们常说的信息时代，在建设工程领域也不可避免地要依赖信息来提升工作和管理效率。信息能及时地反映各协调方的需求，指导生产，控制过程。由于信息的迅猛发展，信息已经和原材料、资源并列成为三大资源。

装饰工程项目信息管理是指对信息的收集、整理、处理、储存、传递与应用等一系列工作的总称。信息管理的目的就是通过有组织的信息流通，使决策者能及时、准确地获得相应的信息。

（1）装饰工程项目信息的特点

1）真实性。事实是信息的基本特点，也是信息价值所在。要千方百计地找到事实的真实一面，为决策和装饰项目管理服务。不符合事实的信息不仅无用而且有害，真实、准确地把握好信息是处理数据的最终目的。

2）系统性。在实际的装饰项目的施工中，不能拿到图纸或者业主给定的技术文件，就片面地使用这些信息。信息本身不是直接得到的，而是需要全面地掌握各方面的数据后才能得到。信息也是系统中的组成部分之一。

3）时效性。由于信息在工程实际中是动态、不断变化、不断产生的，要求及时地处理数据，及时得到信息，才能做好决策和工程管理工作，

避免事故的发生，真正做到事前管理。信息本身具有强烈的时效性，因此需要利用有效的时差以使信息获得最大化的利用。

4）不完全性。由于使用数据的人对客观事物认识的局限性，例如同样的信息渠道，由于施工管理人员对技术掌握的深度不同，因而获得的信息是不尽相同的，其不完全性就在所难免，应该认识到这一点，提高自身对客观事物的认识深度，减少不完全性因素。

（2）装饰工程项目信息管理的基本任务　装饰工程项目管理人员承担着装饰项目信息管理的任务，负责收集装饰工程项目实施情况的信息，做各种信息处理工作，并向上级、向外界提供各种信息。装饰项目信息管理的任务主要包括：

1）组织装饰项目基本情况信息的收集并系统化，编制装饰项目手册。装饰项目管理的任务之一是按照装饰项目的任务实施要求，设计装饰项目实施和装饰项目管理中的信息和信息流，确定它们的基本要求和特征，并保证装饰项目实施过程中信息顺利流通。

2）遵循装饰项目报告及各类资料的规定，例如资料的格式、内容、数据结构要求。

3）按照装饰项目实施、装饰项目组织、装饰项目管理工作过程建立装饰项目管理信息系统，在实际工作中保证系统正常运行，并控制信息流。

4）文件档案管理工作。优秀的装饰项目管理需要更多的工程装饰项目信息，信息管理影响装饰项目组织和整个装饰项目管理系统的运行效率，是人们沟通的桥梁，装饰项目管理人员应引起足够的重视。

（3）实施装饰工程项目信息管理的基本条件　为了更好地进行工程装饰项目信息管理，必须利用计算机技术。装饰项目经理部要配备必要的计算机硬件和软件，应设装饰项目信息管理员，使

用和开发装饰项目信息管理系统。装饰项目信息管理员必须经有资质的培训单位培训并通过考核合格，方可上岗。

装饰项目经理部负责收集、整理、管理装饰项目范围内的信息。实行总分包的装饰项目分包人负责分包范围的信息收集整理，承包人负责汇总、整理各分包人的全部信息。

> **★小知识**
> **工程信息发布前要做好准备**
> 一般情况，工程采购和招标信息发布的时候，业务员才去介入已经太迟了。因此，工程信息的价值在于提供一个线索，让业务员在项目采购之前，充分做好准备工作。

### 2. 工程项目报告系统

（1）装饰工程项目报告的形式和种类很多，按时间可分为日报、周报、月报、年报；针对装饰项目结构的报告又分部分装饰项目报告、单位工程报告、单项工程报告、整个装饰项目报告；专门内容的报告有质量报告、成本报告、工期报告；特殊情况的报告有风险分析报告、总结报告、特别事件报告；此外，还有状态报告、比较报告等。

（2）装饰工程项目报告的作用

1）可以作为决策的依据，通过报告所反映的内容，可以使人们对装饰项目计划、实施状况和目标完成程度等有比较清楚的了解，从而使决策简单化，提高准确度；

2）用来评价装饰项目，评价过去的工作及阶段成果；

3）总结经验，分析装饰项目中的问题，每个装饰项目结束时都应有一个内容详细的分析报告；

4）通过报告激励各参加者，让大家了解装饰项目的成绩。

5）提出问题，解决问题，安排后期的工作；

6）预测未来情况，提供预警信息；

7）可以作为证据和工程资料，工程装饰项目报告便于保存，能提供工程的永久记录。

（3）装饰工程项目报告的要求。

1）与目标一致。指报告的内容和描述必须与装饰项目目标一致，主要说明目标的完成程度和围绕目标存在的问题。

2）符合特定的要求。包括各个层次的管理人员对装饰项目信息需要了解的程度，以及各个职能人员对专业技术工作和管理工作的需要。

3）规范化、系统化。指管理信息系统中应完整地定义报告系统的结构和内容，对报告的格式、数据结构进行标准化。在装饰项目中要求各参加者采用统一形式的报告。

4）简洁、明了。指处理简单化，内容清楚，各种人都能理解。

5）报告要有侧重点。指工程装饰项目报告通常包括概况说明和重大的差异说明，主要活动和事件的说明，而不是面面俱到。它的内容较多的是考虑实际效用，而不是考虑信息的完整性。

（4）装饰工程项目报告系统 指在装饰项目初期，在建筑装饰项目管理系统时必须包括装饰项目的报告系统。主要解决以下几个问题：

1）罗列装饰项目实施过程中的各种报告，并系统化；

2）确定各种报告的形式、结构、内容、数据、采集和处理方式，并标准化。

装饰工程项目应建立如表5-6所示的报告目录。

表5-6 装饰工程项目报告目录模版

| 报告名称 | 报告时间 | 提供者 | 接受者 | | | |
|---|---|---|---|---|---|---|
| | | | A | B | C | D |
| | | | | | | |
| | | | | | | |

编制工程计划时，应考虑需要的各种报告及其性质、范围和频率，并在合同或装饰项目手册中确定。

原始资料应一次性收集，以保证同一信息的来源相同。收入报告中的资料应进行可信度检查，并将计划值引入一边对比。

装饰工程项目报告应从基层做起，资料的来源是工程活动，上层的报告应在基层报告的基础上，按照装饰项目结构和组织结构层层归纳、总结，并做出分析和比较，形成金字塔的报告系统。

### 3. 工程项目信息管理系统

信息的产生和应用是通过信息系统实现的，信息系统是整个工程系统的一个子系统，信息系统具有所有系统的一切特征，了解系统有助于了解信息系统和使用信息系统。

装饰工程项目信息管理系统也称装饰项目规划和控制信息系统，是一个针对工程装饰项目的计算应用软件系统，通过及时地提供工程装饰项目的有关消息，支持装饰项目管理人员确定装饰项目规划，在装饰项目实现过程中控制装饰项目目标，即费用目标、进度目标、质量目标和安全目标。

（1）装饰工程项目信息管理系统的功能要求 工程装饰项目信息管理系统是以计算机技术为主要手段，以装饰项目管理为对象，通过收集、存储和处理有关数据为装饰项目管理人员提供信息，作为装饰项目管理规划、决策、控制和检查的依据，保证装饰项目管理工作顺利实施，是装饰项目管理系统的重要组成部分。通常，该系统应具备可靠、安全、及时、适用等特性，以及界面友好、操作方便的特点。

（2）装饰工程项目信息的收集 装饰工程项目信息管理系统的运行质量，很大程度上取决于原始资料、原始信息的全面性、准确性和可靠性，因此建立一套完整的信息采集制度是非常必要的。工程装饰项目信息的收集包括以下内容：

1）装饰工程项目建设前期信息收集指装饰工程项目在正式开工之前，需要进行大量的工作，这些工作将产生大量包含着丰富内容的文件，工程建设单位应当了解和掌握这些内容。

① 收集可行性研究报告及其有关资料；

② 设计文件及有关资料的收集；

③ 招标投标合同文件及其有关资料的收集。

装饰项目建设前期除以上各个阶段产生的各种资料外，上级关于装饰项目的批文和有关指示，有关征用土地、迁建赔偿等协议式的文件等，均是十分重要的资料。

2）施工期间的信息收集指在装饰工程项目整个施工阶段，每天都发生各种各样的情况，相应地包含着各种信息，需要及时收集和处理。因此，工程的实施阶段是大量的信息发生、传递和处理的阶段，工程装饰项目信息管理主要集中在这一阶段。

3）工程竣工阶段的信息收集指工程竣工并按要求进行竣工验收时，需要大量与竣工验收有关的各种资料信息。这些信息一部分是在整个施工过程中长期积累形成的，一部分是在竣工验收期间，根据积累的资料整理分析而成的。完整的竣工资料应由承建商编制，经工程装饰项目负责人和有关方面审查后，移交业主并通过业主移交管理部门。

（3）收集信息的加工整理 指对收集的信息进行加工，是信息处理的基本内容。其中包括对信息进行分析、归纳、分类、计算比较、选择及建立信息之间的关系等工作。

1）信息处理的要求和方法。

① 信息处理的要求要使信息能有效地发挥作用，在信息处理的过程中就必须符合及时、准确、适用、经济的要求。

② 信息处理的方法需要从收集的大量信息中，找出信息与信息之间的关系和运算公式，从

收集的少量信息中得到大量的输出信息。信息处理包括收集、加工、输入计算机、传输、存储、计算、检索、输出等内容。

2）收集信息的分类即在工程信息管理中，对收集来的资料进行加工整理后，按其加工整理的深度可分为如下类型，见表5-7。

表 5-7　　　　　　　　　　　　　　　　　　收集信息分类

| 序号 | 信息类别 | 具体要求 |
| --- | --- | --- |
| 1 | 依据进度控制信息，对施工进度状态的意见和指示 | 工程装饰项目负责人每月、每季度都要对工程进度进行分析对比并做出综合评价，包括当月整个工程各方面，实际完成数量与合同规定的计划数量之间的比较。如果某一部分拖后，应分析其主要原因，对存在的主要困难和问题，要提出解决的意见 |
| 2 | 依据质量控制信息，对工程结算情况的意见和指示 | 工程装饰项目负责人应当系统地将当月施工中的各种质量情况，包括现场检查中发现的各种问题，施工中出现的重大事故，对各种情况、问题、施工的处理情况，除在月报、季报中进行阶段性的归纳和评价外，如有必要可进行专门的质量定期情况报告 |
| 3 | 依据投资控制信息，对工程结算情况的意见和指示 | 工程价款结算一般按月进行，要对投资完成情况进行统计、分析，并在此基础上做一些短期预测，以使对业主在组织资金方面提供咨询意见 |
| 4 | 依据合同信息，对索赔的处理意见 | 在工程施工中，甲方的原因或客观条件使乙方遭受损失，乙方可提出索赔要求；乙方违约使工程遭受损失，甲方可提出索赔要求；工程装饰项目负责人应对索赔提出处理意见 |

### 4. 工程项目文档管理

装饰工程文件是反映装饰工程质量和工作质量的重要依据，是评定工程质量等级的重要依据，也是装饰公司在日后进行维修、扩建、改造、更新的重要工程档案材料。装饰项目管理信息大部分是以文档资料的形式出现的，因此装饰项目文档资料管理是日常信息管理工作的一项主要内容。装饰工程文件一般分为四大部分：工程准备阶段装饰文档资料、装饰工程对监理方文档资料、施工阶段文档资料、竣工文档资料。因此装饰项目的文档资料直接决定承建档案的好坏。

工程装饰项目文档资料包括各类文件、装饰项目信件、设计图纸、合同书、会议纪要、各种报告、通知、记录、签证、单据、证明、书函等文字、数值、图表、图片及音像资料。

（1）装饰项目文档资料管理　主要内容包括工程施工技术管理资料、工程质量控制资料、工程施工验收资料、装饰竣工图四大部分。

（2）确定装饰项目文档资料的传递流程　指要研究文档资料的来源渠道及方向。研究资料的来源、使用者和保存节点，规定传输方向和目标。

（3）装饰项目文档资料的信息分类和编码是文档资料科学管理的重要手段。任何接收或发送的文档资料均应予以登记，建立信息资料的完整记录。对文档资料进行登录，把它们列为装饰项目管理单位的正式资源和财产，可以有据可查，便于归类、加工和整理，并通过登录掌握归档资料及其变化情况，有利于文档资料的清点和补缺。

（4）装饰项目文档资料的存放　是为了使文档资料在装饰项目管理中得到有效的利用和传递，需要按科学方法将文档资料存放与排列。随着工程建设的进程，信息资料的逐步积累，数量会越来越多，如果随意存放，需要时必然查找困难，且极易丢失。存放与排列可以编码结构的层次作为标识，将文档资料一件件、一本本地排列在书架上，位置应明显，易于查找。

### 5. 项目管理中的软信息

在信息管理的高速发展时代，传统上的信息管理对工程管理中定量的要素可以进行收集整理。例如前面所述的在装饰项目系统中运行的一般都是定量化的、可量度的信息，如工期、成本、质量、人员投入、材料消耗、工程完成程度等，它们可以用数据表示，可以写入报告中，通过报告和数据即可获得信息、了解情况。但另有许多信息是很难用于上述信息形式表达和通过正规的信息渠道沟通的，这主要是反映装饰项目参加者的心理行为、装饰项目组织概况的信息。例如，参加者的心理动机、期望和管理者的工作作风、爱好、习惯、对装饰项目工作的兴趣、责任心；各工作人员的积极性，特别是装饰项目组织成员之间的冷漠甚至分裂状态；装饰项目的软信息状况；装饰项目的组织程度及组织效率；装饰项目组织与环境、装饰项目小组与其他参加者、装饰项目小组内部的关系融洽程度，装饰项目领导的有效性；业主或上层领导对装饰项目的态度、信心和重视程度；装饰项目小组精神，如敬业、互相信任、组织约束程度，装饰项目实施的秩序、程度等。

（1）软信息的概念  在工程装饰项目管理中，一些情况无法或很难定量化，甚至很难用具体的语言表达，但它同样作为信息反映着装饰项目的情况，对工程装饰项目实施、决策起着重要的作用、以及更好地帮助装饰项目管理者研究和把握装饰项目组织，对装饰项目组织实施激励等起到积极作用的这类信息资源，统称为软信息。

（2）软信息的特点

1）存在不全面性，软信息不能在报告中反映或完全正确地反映项目管理的状况，缺少表达方式和正常的沟通渠道，只有管理人员亲临现场，参与实际操作和小组会议才能发现并收集到。

2）存在不确定性，由于软信息无法准确地描述和传递，所以它的状况只能由人领会，仁者见仁，智者见智，不确定性很大，这便会导致决策的不确定性。

3）具有局部性，由于很难表达，不能传递，很难进入信息系统沟通，所以软信息的使用是局部的。真正有决策的上层管理者（如业主、投资者）由于不具备条件（不参与实际操作），所以无法获得和使用软信息，因而容易造成决策失误。

4）沟通模式非正式，软信息目前主要通过非正式沟通来影响人们的行为。例如，人们对装饰项目经理的工作作风的意见和不满，互相诉说，以软抵抗对待装饰项目及格率的指认、安排。

5）只适用于一部分信息处理方式，软信息只能通过人们的模糊判断，通过人们的思考来做信息处理，常规的信息处理方式是不适用的。

（3）软信息的获取  软信息的获取通常有以下几种方式：

1）观察获取即通过观察现场及人们的举止、行为、态度，分析他们的动机，分析组织概况。在这种获取方法中常运用在装饰项目的招投标谈判阶段、装饰报价的商讨阶段及竣工审计阶段。

2）正规的询问、征求意见来获取，此方法通过在装饰行业中沿用的一些行规及惯例来达到施工管理的目的。例如：装饰图纸的会审需要征求业主方和设计方的意见，每月定期的装饰项目的生产调度会的意见征集等。

3）闲谈、非正式沟通获取指通常在施工中由于各协调方和纵向管理层次经过不断的接触，在工作间隙或其他非工作场合进行的交流，而信息的内容经过滤化可以为装饰项目所用的，也可以适当使用。

4）指令性获取指在管理层和执行层及作业层等工作过程中，上下级或者甲乙双方要求对方提交相关书面材料，其中必须包括软信息内容并说明范围，以此获得软信息，同时让相关管理人员建立软信息的概念并扩大使用范围和增加广度。

★补充要点

**信息管理含义深刻**

信息管理不能简单理解为仅对产生的信息进行归档和一般的信息领域的行政事务管理。为充分发挥信息资源的作用和提高信息管理的水平，施工单位和其项目管理部门都应设置专门的工作部门（或专门的人员）负责信息管理。

## 第二节 工程质量管理

### 一、工程质量管理概述

质量管理是指："确定质量方针、目标和职责，并在质量体系中通过诸如质量策划、质量控制、质量保证和质量改进使其实施的全部管理职能的所有活动。"

质量管理是项目组织在整个生产和经营过程中，围绕着产品质量形成的全过程实施的，是项目组织各项管理的主线。

#### 1. 工程项目质量形成的影响因素

由于工程项目具有单项性、一次性、长期性、生产管理方式的特殊性等特点，所以工程本身的质量影响因素多，质量波动大、质量变异大等。以下主要介绍工程项目各阶段对质量形成的影响。

（1）人的质量意识和质量能力 人是质量活动的主体，对建设工程项目而言，人是泛指与工程有关的单位、组织及个人，他们对工程项目质量的影响贯穿于自始至终全过程。包括：建设单位；勘察设计单位；施工承包单位；监理及咨询服务单位；政府主管及工程质量监督、检测单位；策划者、设计者、作业者、管理者等。

（2）建设项目的决策因素 没有经过资源论证、市场需求预测，盲目建设，重复建设，建成后不能投入生产或使用，所形成的合格而无用途的建筑产品，从根本上是社会资源的极大浪费，不具备质量的适用性特征。同样盲目追求高标准，缺乏质量经济性考虑的决策，也将对工程质量的形成产生不利的影响。

（3）建设工程项目勘察因素 包括建设项目技术经济条件勘察和工程岩土地质条件勘察，前者直接影响项目决策，后者直接关系工程设计的依据和基础资料。

（4）建设工程项目的总体规划和设计因素 总体规划关系到土地的合理利用、功能组织和平面布局，竖向设计，总体运输及交通组织的合理性；工程设计具体确定建筑产品的质量目标价值，直接将建设意图变成工程蓝图，将适用、经济、美观融为一体，为建设施工提供质量标准和依据。建筑构造与结构的设计合理性、可靠性以及施工性都直接影响工程质量。

（5）建筑材料、构配件及相关工程用品的质量因素 建筑材料、构配件及相关工程用品是建筑生产的劳动对象。建筑质量的水平在很大程度上取决于材料工业的发展，原材料、建筑装饰装潢材料及其制品的开发，导致人们对建筑消费需求日新月异的变化，因此正确合理选择材料、控制材料、构配件及工程用品的质量规格、性能特性是否符合设计规定标准，直接关系到工程项目的质量形成。

（6）工程项目的施工方案 包括施工技术方案和施工组织方案，前者是施工的技术、工艺、方法和机械、设备、模具等施工手段的配置。显然，如果施工技术落后，方法不当，机具有缺陷，都将对工程质量的形成产生影响。后者是施工程序、工艺顺序、施工流向、劳动组织方面的决定和安排。通常的施工程序是先准备后施工，先场外后场内，先地下后地上，先深后浅，先土建后安装等，都应在施工方案中明确，并编制相应的施工组织设计。

（7）工程项目的施工环境　包括地质水文气候等自然环境及施工现场的通风、照明、安全卫生防护设施等劳动作业环境，以及由工程承发包合同结构所派生的多单位多专业共同施工的管理关系，组织协调方式及现场施工质量控制系统等构成的管理环境对工程质量的形成产生相当的影响。

**2. 工程项目质量管理方法**

（1）PDCA 循环质量管理　是人们在管理实践时形成的基本理论方法。从实践论的角度看，管理就是确定任务目标，并按照 PDCA 循环原理来实现预期目标。由此可见 PDCA 是质量管理的基本方法（图 5-5）。

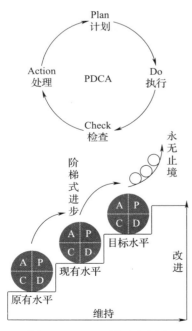

图 5-5　PDCA 循环示意图

1）计划 P（plan）可以理解为质量计划阶段，明确目标并制订实现目标的行动方案。在建设工程项目的实施中，"计划"是指各相关主体根据其任务目标和责任范围，确定质量控制的组织制度、工作程序、技术方法、业务流程、资源配置、检验试验要求、质量记录方式、不合格处理、管理措施等具体内容和做法的文件，"计划"还须对其实现预期目标的可行性、有效性、经济合理性进行分析论证，按照规定的程序与权限审批执行。

2）实施 D（do）包含两个环节，即计划行动方案的交底和按计划规定的方法与要求展开工程作业技术活动。计划交底的目的在于使具体的作业者和管理者，明确计划的意图和要求，掌握标准，从而规范行为，全面地执行计划的行动方案，步调一致地去努力实现预期的目标。

3）检查 C（check）指对计划实施过程进行各种检查，包括作业者的自检、互检和专职管理者专检。各类检查都包含两大方面：一是检查是否严格执行了计划的行动方案，实际条件是否发生了变化，不执行计划的原因；二是检查计划执行的结果，即产出的质量是否达到标准的要求，对此进行确认和评价。

4）处置 A（action）指对于质量检查所发现的质量问题或质量不合格，及时进行原因分析，采取必要的措施，予以纠正，保持质量形成的受控状态。

处理分纠偏和预防两个步骤，一是采取应急措施，解决当前的质量问题；二是信息反馈管理部门，反思问题症结或计划时的不周，为今后类似问题的质量预防提供借鉴。

（2）三全质量管理　三全管理是来自于全面质量管理 TQC 的思想，同时包括在质量体系标准（GB/T I9000 和 ISO9000）中，它指生产企业的质量管理应该是全面、全过程和全员参与的。主要内容有：

1）全面质量管理。建设工程项目的全面质量管理是指建设工程各方干系人所进行的工程项目质量管理的总称，其中包括工程（产品）质量和工作质量的全面管理。工作质量是产品质量的保证，工作质量直接影响产品质量的形成。

2）全过程质量管理。全过程质量管理是指根据工程质量的形成规律，从源头抓起，全过程推进。GB/T I9000 强调质量管理的"过程方法"管理原则。按照建设程序、建设工程从项目建议书或建设构想提出，历经项目决策、勘察、设计、发包、施工、验收、使用等各个有机联系的环节，构成了建设项目的总过程。其中每个环节又由诸多相互关联的活动构成相应的具体过程，因此，必须掌握识别过程和应用"过程方法"进行全过程质量控制。

3）全员参与质量管理。从全面质量管理的观点看，无论组织内部的管理者还是作业者，每个岗位都承担着相应的质量职能，一旦确定了质量方针目标，就应组织和动员全体员工都参与到实施质量方针的系统活动中去，发挥自己的角色作用。全员参与质量管理的方法使质量总目标分解落实到每个部门和岗位。就企业而言，如果存在哪个岗位没有自己的工作目标和质量目标，说明这个岗位就是多余的，应予调整。

### ★补充要点

#### PDCA 的局限

随着更多项目管理中应用 PDCA，在运用的过程中发现了很多问题，因为 PDCA 中不包含人创造性的内容。他只是教会人们如何去完善现有工作，所以这导致惯性思维的产生，习惯了 PDCA 的人很容易按流程工作，因为没有什么压力让他来实现创造性。所以，PDCA 在实际的项目中有一些局限。

## 二、工程质量控制

工程项目质量控制是指为达到工程质量要求所采取的作业技术和活动。质量控制是质量管理的一部分，是致力于满足质量要求的一系列相关活动。

建设工程质量控制是为以工程项目质量要求所采取的作业技术和管理活动。作业技术和管理活动是相辅相成的。作业技术是直接产生产品或服务质量的条件，但并不是具备相关作业技术能力，都能产生合格的质量。在社会化大生产的条件下，还必须通过科学的管理，来组织和协调作业技术活动的过程，以充分发挥其质量形成能力，实现预期的质量目标。

### 1. 工程质量形成过程各阶段的质量控制

按工程质量形成过程各阶段的质量控制分为决策阶段的质量控制、工程勘察设计阶段的质量控制、工程施工阶段的质量控制。

（1）决策阶段的质量控制　主要是通过项目的可行性研究，选择最佳的建设方案，使项目的质量要求符合业主的意图，并与投资目标相协调，与所在地区环境相协调。

（2）工程勘察设计阶段的质量控制　是要选择好勘察设计单位，要保证工程设计符合决策阶段确定的质量要求，保证设计符合有关技术规范和标准的规定，要保证设计文件、图纸符合现场和施工的实际条件，深度能满足施工的需要。

（3）工程施工阶段的质量控制　主要是通过择优选择能保证工程质量的施工单位；严格监督承建商按设计图纸进行施工，并形成符合合同文件规定质量要求的最终建筑产品。

### 2. 施工质量控制的依据

（1）工程施工承包合同文件和委托监理合同文件中分别规定了参与建设各方在质量控制方面的权利和义务，有关各方必须履行在合同中的承诺。

（2）"按图施工"是施工阶段质量控制的一项重要原则，因此经过批准的设计图纸和技术说明书等设计文件，无疑是质量控制的重要依据。

（3）国家及政府有关部门颁布的有关质量管理方面的法律、法规性文件。

（4）有关质量检验与控制的专门技术法规性文件

这类文件一般是针对不同行为、不同的质量控制对象而制定的技术法规性的文件，包括各种有关的标准、规范、规程或规定，概括说来，属于装饰装修工程专门的技术法规性的依据主要有《建筑工程施工质量验收统一标准》《建筑装饰装修工程质量验收规范》，材料、半成品和构配件质量控制的专门技术法规性依据等。

**★补充要点**

**工程质量控制原则**

项目监理机构在工程质量控制过程中，应遵循以下五条原则：坚持质量第一的原则；坚持以人为核心的原则；坚持以预防为主的原则；以合同为依据，坚持质量标准的原则；坚持科学、公平、守法的职业道德规范。

**3. 施工质量控制的过程**

施工质量控制的过程包括施工准备质量控制、施工过程质量控制和施工验收质量控制。

（1）施工准备质量控制 指工程项目开工前的全面施工准备和施工过程中各分部分项工程施工作业前的施工准备（或称施工作业准备），此外，还包括季节性的特殊施工准备。施工准备质量是属于工作质量范畴，然而它对建设工程产品质量的形成会产生重要的影响。

（2）施工过程质量控制 指在施工作业技术活动的投入与产出过程的质量控制，包括全过程施工生产及其中各分部分项工程的施工作业过程。

（3）施工验收质量控制 指对已完工程验收时的质量控制，即工程产品质量控制，包括隐蔽工程验收、检验批验收、分项工程验收、分部工程验收、单位工程验收和整个建设工程项目竣工验收过程的质量控制。

**4. 施工质量计划的编制**

按照 GB/T I9000 质量管理体系标准，质量计划是质量管理体系文件的组成内容。在合同环境下，质量计划是企业向顾客表明质量管理方针、目标及其具体实现的方法、手段和措施，体现企业对质量责任的承诺和实施的具体步骤。

（1）施工质量计划的编制主体是施工承包企业，在总承包的情况下，分包企业的施工质量计划是总包施工质量计划的组成部分。总包有责任对分包施工质量计划的编制进行指导和审核，并承担施工质量的连带责任。

（2）根据建筑工程生产施工的特点，目前我国工程项目施工的质量计划常用施工组织设计或施工项目管理实施规划的文件形式进行编制。

（3）在已经建立质量管理体系的情况下，质量计划的内容必须全面体现和落实企业质量管理体系文件的要求（也要引用质量体系文件中的相关条文），同时结合工程的特点，在质量计划中编写专项管理要求。施工质量计划一般应包括以下内容。

1）工程特点及施工条件分析（合同条件、法规条件和现场条件）；

2）履行施工承包合同所必须达到的工程质量总目标及其分解目标；

3）质量管理组织机构、人员及资源配置计划；

4）为确保工程质量所采取的施工技术方案、施工程序；

5）材料设备质量管理及控制措施；

6）工程检测项目计划及方法等。

（4）施工质量控制点的设置是施工质量计划的组成内容。质量控制点是施工质量控制的重点，凡属关键技术、重要部位、控制难度大、影响大、经验欠缺的施工内容以及新材料、新技术、新工艺、新设备等，均可列为质量控制点，实施重点控制。

1）施工质量控制点设置的具体方法是根据工程项目施工管理的基本程序，结合项目特点，在制订项目总体质量计划后，列出各基本施工过程对局部和总体质量水平有影响的项目，作为具体实施的质量控制点。

2）施工质量控制点的管理应该是动态的，一般情况下在工程开工前、设计交底和图纸会审时，可确定一批整个项目的质量控制点，随着工程的展开，施工条件的变化，随时或定期进行控制点范围的调整和更新，始终保持重点跟踪的控制状态。

施工质量计划编制完毕，应经企业技术领导审核批准，并按施工承包合同的约定交由工程监理或建设单位批准确认后执行。

**5. 施工生产要素的质量控制**

（1）影响施工质量的五大要素（人、材、机、法、环）

1）劳动主体——人员素质，即作业者、管理者的素质及其组织效果；

2）劳动对象——材料、半成品、工程用品、设备等的质量；

3）劳动手段——工具、模具、施工机械、设备等条件；

4）劳动方法——采取的施工工艺及技术措施的水平；

5）施工环境——现场水文、地质、气象等自然条件；通风、照明、安全等作业环境以及协调配合的管理环境（图5-6）。

（2）劳动主体的控制　劳动主体（人）是指直接参与工程建筑的决策者、组织者、指挥者和操作者（四个层次）。人，作为控制对象，是避免产生失误；作为控制的动力是充分调动人的积极性，发挥"人的因素第一"的主导地位。

图5-6　施工环境的控制

在工程质量控制中，应从下列几方面考虑人对质量的影响：领导者的素质；人的理论，技术水平；人的生理缺陷；人的心理行为；人的错误行为；人的违章违纪。

施工企业控制必须坚持对所选派的项目领导者、组织者进行质量意识教育和组织管理能力训练，坚持对分包商的资质考核和施工人员的资格考核，坚持工种按规定持证上岗制度。

（3）劳动对象的控制　原材料、半成品、设备是构成工程实体的基础，质量是工程项目实体质量的组成部分。故加强原材料、半成品及设备的质量控制，不仅是提高工程质量的必要条件，也是实现工程项目投资目标和进度目标的前提。

对原材料、半成品及设备进行质量控制的主要内容为：控制材料设备性能、标准与设计文件的相符性；控制材料设备各项技术性能指标、检验测试指标与标准要求的相符性；控制材料设备进场验收程序及质量文件资料的齐全程度等。

施工企业在施工过程中应贯彻执行企业质量程序文件中一系列明确规定的控制标准，如材料设备封样、采购、进场检验、抽样检测及质保资料提交等。

（4）施工工艺的控制　施工工艺的先进合理是直接影响工程质量、工程进度及工程造价的关键因素，施工工艺的合理还直接影响到工程施工安全。因此在工程项目质量控制系统中，制订和采用先进合理的施工工艺是工程质量控制的重要环节。

（5）施工设备的控制

1）对施工所用的机械设备，包括起重设备、各项加工机械、专项技术设备、检查测量仪表设备及人货两用电梯等，应根据工程需要从设备选型、主要性能参数及使用操作要求等方面加以控制。

2）对施工方案中选用的模板、脚手架等施工设备，除按适用的标准定型选用外，一般需按设计及施工要求进行专项设计，对其设计方案及制作质量的控制及验收应作为重点进行控制。

3）按现行施工管理制度要求，工程所用的施工机械、模板、脚手架，特别是危险性较大的现场安装的起重机械设备，不仅要对其设计安装方案进行审批，而且安装完毕交付使用前必须经专业管理部门的验收，合格后方可使用。同时，在使用过程中尚需落实相应的管理制度，以确保其安全正常使用。

（6）施工环境的控制

环境因素主要包括地质水文状况、气象变化及其他不可抗力因素，以及施工现场的通风、照明、安全卫生防护设施等劳动作业环境等内容。环境因素对工程施工的影响一般难以避免，要消除其对施工质量的不利影响，主要是采取下列预测预防的控制方法。

1）对地质水文等方面的影响因素的控制，应根据设计要求，分析地基地质资料，预测不利因素，并会同设计等方面采取相应的措施，如降水、排水、加固等技术控制方案。

2）对天气气象方面的不利条件，应在施工方案中制订专项施工方案，明确施工措施，落实人员、器材等方面各项准备以紧急应对，从而控制其对施工质量的不利影响。

3）对于由于环境因素造成的施工中断，往往也会对工程质量造成不利影响，必须通过加强管理、调整计划等措施加以控制。

6. 施工作业过程的质量控制

建设工程施工项目是由一系列相互关联、相互制约的作业过程（工序）所构成，控制工程项目施工过程的质量，必须控制全部作业过程，即各道工序的施工质量。

（1）施工作业过程质量控制的基本程序

1）进行作业技术交底，包括作业技术要领、质量标准、施工依据、与前后工序的关系等；

2）检查施工工序、程序的合理性、科学性，防止工序流程错误，导致工序质量失控；

3）检查工序施工条件，即每道工序投入的人员、材料、使用的工具、设备及操作工艺及环境条件等是否符合施工组织设计的要求；

4）检查工序施工中人员操作程序、操作质量是否符合质量规程要求；

5）检查工序施工中间产品的质量，即工序质量、分项工程质量；

6）对工序质量符合要求的中间产品（分项工程）及时进行工序验收或隐蔽工程验收；

7）质量合格的工序经验收后可进入下道工序施工；未经验收合格的工序，不得进入下道工序施工。

（2）施工工序质量控制要求 工序质量是施工质量的基础，工序质量也是施工顺利进行的关键，为达到对工序质量控制的效果，在工序管理方面应做到以下几点：

1）贯彻预防为主的基本要求，设置工序质量检查点，对材料质量状况、工具设备状况、施工程序、关键操作、安全条件、新材料新工艺应用、常见质量通病，甚至包括操作者的行为等影响因素列为控制点作为重点检查项目进行预控；

2）落实工序操作质量巡查、抽查及重要部位跟踪检查等方法，及时掌握施工质量总体状况；对工序产品、分项工程的检查应按标准要求进行目测、实测及抽样式试验的程序，做好原始记录，经数据分析后，及时做出合格及不合格的判断；对合格工序产品应及时提交监理进行隐蔽工程验收；完善管理过程的各项检查记录、检测资料及验收资料，作为工程质量验收的依据，并为工程质量分析提供可追溯的依据（图5-7）。

图 5-7 装饰施工作业质量控制

★小知识
**工程控制要及时采取措施**

施工准备阶段是施工单位为正式施工进行各项准备、创造开工条件的阶段。施工阶段发生的质量问题、质量事故，往往是由于施工准备阶段工作的不充分而引起的。因此，项目监理部在进行质量控制时，将十分关注施工准备阶段各项准备工作的落实情况。项目监理部将通过抓住工程开工审查关，采集施工现场各种准备情况的信息，及时发现可能造成质量问题的隐患，以便及时采取措施，实施预防。

**7. 施工质量控制的主要途径**

工程项目施工质量的控制途径，分别通过事前控制、过程控制和事后控制的相关途径进行质量控制。因此，施工质量控制的途径包括事前预控途径、事中控制途径和事后控制途径。

（1）事前预控途径　内涵包括两层意思，一是强调质量目标的计划预控，二是按质量计划进行质量活动前的准备工作状态的控制。事前预控要求预先进行周密的质量计划。尤其是工程项目阶段，制订质量计划或编制施工组织设计或施工项目管理实施规划，都必须建立在切实可行、有效实现预期质量目标的基础上，作为一种行动方案进行施工部署。

（2）事中控制途径　首先是对质量活动的行为约束，即对质量产生过程各项技术作业活动操作者的自我行为约束的同时，充分发挥其技术能力，去完成预定质量目标的作业任务；其次是对质量活动过程和结果，来自他人的监督控制，这里包括来自企业内部管理者的检查检验和来自企业外部的工程监理和政府质量监督部门等的监控。

事中控制虽然包含自控和监控两大环节，但其关键还是增强质量意识，发挥操作者自我约束自我控制，即坚持质量标准是根本的，监控或他人控制是必要的补充。因此在企业组织的质量活动中，通过监督机制和激励机制相结合的管理方法，来发挥操作者更好的自我控制能力，以达到质量控制的效果，是非常必要的。这也只有通过建立和实施质量体系来达到。

（3）事后控制途径　包括对质量活动结果的评价认定和对质量偏差的纠正。从理论上分析，如果计划预控过程所制订的行动方案考虑得越是周密，事中约束监控的能力就越强越严格，实现质量预期目标的可能性就越大，理想的状况就是希望做到各项作业活动合格率100%。但客观上相当部分的工程不可能达到，因为在过程中不可避免地会存在一些计划时难以预料的影响因素，包括系统因素和偶然因素。因此当出现质量实际值与目标值之间超出允许偏差时，必须分析原因，采取措施纠正偏差，保持质量受控状态。

以上三大环节，不是孤立和截然分开的，它们之间构成有机的系统过程，实质上也就是PDCA循环具体化，并在每一次滚动循环中不断提高，达到质量管理或质量控制的持续改进。

**8. 施工质量验收的方法**

建筑装饰装修工程的子分部工程包括抹灰工程、门窗工程、吊顶工程、轻质隔墙工程、饰面板（砖）工程、幕墙工程、涂饰工程、裱糊工程、细部工程。

建筑装饰装修分部工程的质量验收应按《建筑工程施工质量验收统一标准》（GB 50300—2001）的格式记录，分部工程中各子分部工程的质量应该验收合格并应按《建筑装饰装修工程施工质量验收规范》（GB 50210—2001）的规定进行核查，当建筑工程只有装饰装修分部工程时，该工程应作为单位工程验收。有特殊要求的建筑装饰装修工程竣工验收时应按合同约定另外检测相关技术指标。建筑装饰装修工程的室内环境质量应符合国家现行标准《民用建筑工程室内环境污染控制规范》（GB 50325—2010）的规定。未经竣工验收合格的建筑装饰装修工程不得投入使用。

（1）工程质量验收分为过程验收（检验批、分项、分部工程）和竣工验收（单位工程），工程质量验收的程序及组织包括以下几项内容：

1）施工过程中，隐蔽工程在隐蔽前通知建设单位（或工程监理）进行验收，并形成验收文件；

2）分部分项工程完成后，应在施工单位自行验收合格后，通知建设单位（或工程监理）验收，重要的分部分项应请设计单位参加验收；

3）单位工程完工后，施工单位应自行组织检查、评定，符合验收标准后，向建筑单位提交验收申请；

4）建设单位收到验收申请后，应组织施工、勘察、设计、监理单位等方面人员进行单位工程验收，明确验收结果，并形成验收报告；

5）按国家现行管理制度，房屋建筑工程及市政基础设施工程验收合格后，还需要在规定时间（工程验收合格后5日）内，将验收文件报政府管理部门备案。

（2）施工过程的质量验收包括以下几种内容。

1）根据建筑工程施工质量验收统一标准，建筑工程质量验收划分为检验批、分项工程、分部（子分部）工程、单位（子单位）工程。其中检验批和分项工程是质量验收的基本单元，分部工程是在所含全部分项工程验收的基础上进行验收的，它们是在施工过程中随完工随验收；而单位工程是完整的具有独立使用功能的建筑产品，进行最终的竣工验收。因此，施工过程的质量验收包括检验批质量验收、分项工程质量验收和分部工程质量验收。

2）检验批质量验收，其中检验批是指按同一的生产条件或按规定的方式汇总起来供检验用的，由一定数量样本组成的检验体。检验批可根据施工及质量控制和专业验收需要按楼层、施工段、变形缝等进行划分。规范规定：检验批应由监理工程师（建设单位项目技术负责人）组织施工单位项目专业质量（技术）负责人等进行验收。检验批合格质量应符合下列规定。

① 主控项目和一般项目的质量经抽样检验合格；

② 具有完整的施工操作依据、质量检查记录。

3）分项工程质量验收规范规定：分项工程应按主要工种、材料、施工工艺、设备类别等进行划分，分项工程可由一个或若干检验批组成。分项工程应由监理工程师（建设单位项目技术负责人）组织施工单位项目专业质量（技术）负责人进行验收。分项工程质量验收合格应符合下列规定。

① 分项工程所含的检验批均应符合合格质

量的规定；

②分项工程所含的检验批的质量验收记录应完整。

4）分部工程质量验收规范规定：分部工程的划分应按专业性质、建筑部位确定；当分部工程较大或较复杂时，可按材料种类、施工特点、施工程序、专业系统及类别等分为若干子分部工程。分部工程应由总监理工程师（建设单位项目负责人）组织施工单位项目负责人和技术、质量负责人等进行验收；地基与基础、主体结构分部工程的勘察、设计单位工程项目负责人和施工单位技术、质量部门负责人也应参加。相关分部工程验收、分部（子分部）工程质量验收合格应符合下列规定。

①所含分项工程的质量均应该验收合格；

②质量控制资料应完整；

③地基与基础、主体结构和设备安装等分部工程有关安全及功能的检验和抽样检测结果应符合有关规定；

④观感质量验收应符合要求。

5）施工过程质量验收中，工程质量不符合要求时按以下方法处理。

①经返工重做或更换器具、设备的检验批，应该重新进行验收；

②经有资质的检测单位检测鉴定能达到设计要求的检验批，应予以验收；

③经有资质的检测单位检测鉴定达不到设计要求，但经原设计单位核算认可能够满足结构安全和使用功能的检验批，可予以验收；

④经返修或加固处理的分项、分部工程，虽然改变外形尺寸，但仍能满足安全使用要求，可按技术处理方案和协商文件进行验收；

⑤通过返修或加固后处理仍不能满足安全使用要求的分部工程、单位（子单位）工程，严禁验收。

## 三、工程质量管理体系

### 1. 质量管理体系标准

为了推动企业建立完善的质量管理体系，实施充分的质量保证，建立国际贸易所需要的关于质量的共同语言和规则，国际标准化组织（ISO）于1976年成立了TC176（质量管理和质量保证技术委员会），着手研究制订国际遵循的质量管理和质量保证标准。1987年，ISO/TC 176发布了举世瞩目的ISO9000系列标准，我国于1988年发布了与之相应的GB/T10300系列标准，并"等效采用"。为了更好地与国际接轨，又于1992年10月发布了GB/T19000系列标准，并"等同采用ISO9000族标准"。1994年，国际标准化组织发布了修订后的ISO9000系列标准后，我国及时将其等同转化为国家标准。

为了更好地发挥ISO9000系列标准的作用，使其具有更好的适用性和可操作性，2000年12月15日国际标准化组织正式发布新的ISO9000、ISO9001和ISO9004国际标准。2000年12月28日国家质量技术监督局正式发布GB/T19000—2000（idt ISO9000：2000）、GB/T19001—2000（idt ISO9001：2000）、GB/T19004—2000（idt ISO9004：2000）三个国家标准（图5-8）。

图5-8　质量管理体系标准

### 2. 质量管理体系的原则

GB/T19000—2000 系列标准为了成功地领导和运作一个组织，针对所有相关方的需求，实施并保持持续改进其业绩的管理体系，做好质量管理工作。为了确保质量目标的实现，明确了以下八项质量管理原则。

（1）以顾客为关注焦点指组织依存于其顾客。因此，组织应理解顾客当前和未来的需求，满足顾客的要求并争取超越顾客的期望。组织贯彻实施以顾客为关注焦点的质量管理原则，有助于掌握市场动向，提高市场占有率，提高企业经营效果。以顾客为中心可以稳定老顾客，吸引新顾客。

（2）领导作用即强调领导作用的原则，是因为质量管理体系是最高管理者推动的，质量方针和目标是领导组织策划的，组织机构和职能分配是领导确定的，资源配置和管理是领导决定安排的，顾客和相关方要求是领导确认的，企业环境和技术进步、质量体系改进和提高是领导决策的。所以，领导者应将本组织的宗旨、方向和内部环境统一起来，并创造使员工能够充分参与实现组织目标的环境。

（3）全员参与是指组织的质量管理有赖于各级人员的全员参与，激励他人增强工作积极性和责任感。此外，员工还应具备足够的知识、技能和经验，以胜任工作，实现对质量管理的充分参与。

（4）过程方法是将活动和相关的资源，作为过程进行管理，可以更高效地得到期望的结果。过程概念体现了用 PDCA 循环改进质量活动的思想。通过过程管理可以降低成本、缩短周期，从而可更高效的获得预期效果。

（5）管理的系统方法是指将相互关联的过程作为系统加以识别、理解和管理，有助于组织提高实现目标的有效性和效率。质量管理的系统方法，就是要把质量管理体系作为一个大系统，对组成质量管理体系的各个过程加以识别、理解和管理，以达到实现质量方针和质量目标。

（6）持续改进整体业绩应当是组织的一个长久的目标。进行质量管理的目的就是保持和提高产品质量，没有改进就不可能提高，改进的途径可以是日常渐进的改进活动，也可以是突破性的改进项目。

（7）基于事实的决策方法是建立在数据和信息分析的基础上。对数据和信息的逻辑分析或直觉判断是有效决策的基础。以事实为依据做决策，可以防止决策失误。

（8）组织与供方是相互依存的，互利的关系可增强双方创造价值的能力。

供方提供的产品将对组织向顾客提供满意的产品产生重要影响，能否处理好与供方的关系，影响到组织能否持续稳定地向顾客提供满意的产品。

★补充要点
**工程质量保证体系**
为保证工程质量，我国在工程建设中逐步建立了比较系统的质量管理的三个体系，即设计施工单位的全面质量管理保证体系、建设监理单位的质量检查体系和政府部门的质量监督体系。通过这三个体系，能很好地控制保证工程质量，以达到理想效果。

### 3. 质量管理体系的建立与实施

建立和完善质量管理体系，通常包括质量管理体系的策划与总体设计、质量管理体系文件的编制、质量管理体系的实施运行三个阶段。

（1）建立和完善质量管理体系，首先应由最高管理者对质量管理体系进行策划，以满足组织确定的质量目标的要求及质量管理体系的总体要求。在对质量管理体系进行策划和实施时，应保持管理体系的完整性。

按照国家标准 GB/T19000 建立一个新的质量管理体系或更新、完善现行的质量管理体系，一般有以下步骤：企业领导决策、编制工作计划、分层次教育培训、分析企业特点、落实各项要素、编制质量管理体系文件。

（2）质量管理体系文件按其作用可分为法规性文件和见证性文件两类。质量管理体系文件的编制应在满足标准要求、确保控制质量、提高组织全面管理水平的情况下，建立一套高效、简单、实用的质量管理体系文件。质量管理体系文件包括质量手册、质量管理体系程序文件、质量计划、质量记录等部分。

1）质量手册是组织质量工作的"基本法"，是组织最重要的质量法规性文件，具有强制性质。质量手册应阐述组织的质量方针，概述质量管理体系的文件结构并能反映组织质量管理体系的总貌，起到总体规划和加强各职能部门间协调的作用。质量手册的编制应遵循 ISO100013 质量手册编制指南的要求进行。

质量手册一般由十部分构成，各组织可以根据实际需要，对质量手册的下述部分作必要的增删。包括：目次批准页；前言；术语和缩写；质量手册的管理；质量方针和质量目标；组织机构与职责；管理过程；资源管理过程；产品实现过程；测量、分析和改进。

2）质量管理体系程序文件是质量管理体系的重要组成部分，是质量手册具体展开和有力支撑。质量管理体系程序文件不同于一般的业务工作规范或工作标准所列的具体工作程序，而是对质量管理体系的过程方法所需开展的质量活动的描述。对每个质量管理程序来说，都应视需要明确何时、何地、何人、做什么、为什么、怎么做（即 5W1H），应保留什么记录。

按 ISO9001：2000 标准的规定，质量管理程序应至少包括下列 6 个程序：文件控制程序；质量记录控制程序；内部质量审核程序；不合格控制程序；纠正措施程序；预防措施程序。

3）质量计划是对特定的项目、产品、过程或合同，规定由谁使用以及在何时应使用哪些程序相关资源的文件。质量计划是一种工具，它将某产品、项目或合同的特定要求与现行的通用的质量管理体系程序相连接。产品（或项目）的质量计划是针对具体产品（或项目）的特殊要求，以及应重点控制的环节所编制的对设计、采购、制造、检验、包装、运输等的质量控制方案。

4）质量记录是"阐明所取得的结果或提供所完成活动的证据文件"，是产品质量水平和企业质量管理体系中各项质量活动结果的客观反映，应如实加以记录。

质量记录应字迹清晰、内容完整，并按所记录的产品和项目进行标识，记录应注明日期并经授权人员签字、盖章或作其他审定后方能生效。

（3）为保证质量管理体系的有效运行，要做到两个到位：一是认识到位，组织的各级领导对问题的认识直接影响本部门质量管理体系的实施效果；二是管理考核到位。这就要求根据职责和管理内容不折不扣地按质量管理体系运作，并实施监督和考核。

---

★ 小知识

**建设工程质量保证体系的意义**

建立健全质量保证体系，深入开展贯彻 ISO9000 质量保证标准和质量改进活动，把质量管理的每项工作落实到个人，使全体职工都担负起质量责任。进行全方位质量管理、监督、检查，并制定切实有效的控制措施，克服质量通病，创优质精品工程。

## 第三节　实例分析：工程施工典型质量问题

工程施工中有很多质量问题，下面将列出一些典型的问题，以便于在施工中对工程施工质量控制有着更好的认识和把控，从而使工程质量达到标准。

1. 现场钢筋堆放混乱，无标识牌（图5-9）

图5-9　现场钢筋堆放混乱，无标识牌

2. 混凝土砌块堆放未架空，无防潮、防雨淋等措施（图5-10）

图5-10　混凝土砌块堆放未架空，
无防潮、防雨淋等措施

3. 构造柱纵向钢筋间距偏差过大（图5-11）

图5-11　构造柱纵向钢筋间距偏差过大

4. 构造柱钢筋搭接未绑扎，且在箍筋外（图5-12）

图5-12　构造柱钢筋搭接未绑扎，且在箍筋外

5. 混凝土施工缝留置不直（图5-13）

图5-13　混凝土施工缝留置不直

6. 多处砖墙砂浆饱满度严重不足（图 5-14）

砂浆结合面

图 5-14 多处砖墙砂浆饱满度严重不足

## ★ 课后练习

1. 详细解释资源管理的含义。

2. 阐述装饰项目人力资源管理的特点及任务。

3. 描述装饰工程项目报告的作用、形式、种类以及具体要求。

4. 介绍资金管理计划的具体要求。

5. 描述机具设备的内容与任务。

6. 介绍机具设备的具体使用要求。

7. 讲述如何实施装饰项目的技术管理控制。

8. 软信息的特点有哪些？

9. 如何获取软信息？

10. 简述质量管理的定义和基本原理。

11. 描述工程项目质量形成的影响因素。

12. 如何对施工生产要素进行质量控制？

13. 描述 GB/T 19000—2000 系列标准的质量管理八大原则。

# 第六章 安全管理与环境保护

学习难度：★★★☆☆

重点概念：职业健康安全、施工环境保护、风险管理

PPT 课件，请在计算机上阅读

## 章节导读

　　项目职业健康安全技术实施计划应在项目管理实施规划中编制；项目经理部应建立职业健康安全生产责任制，并把责任目标分解落实到人。职业健康安全事故分两大类型，即职业伤害事故与职业病。安全事故处理的原则是"四不放过"。注重职业健康安全与施工环境保护，是当前发展的趋势，也是建筑行业务必重视的环节。职业健康安全与施工环境保护对可持续发展有着重要的影响（图 6-1）。

图 6-1　施工现场配备防尘口罩

# 第一节　职业健康安全管理

## 一、职业健康安全管理概述

### 1. 职业健康安全管理的目的和任务

（1）职业健康安全管理的目的，是保护产品生产者和使用者的健康与安全。控制影响工作场所内员工、临时工作人员、合同方人员、访问者和其他有关部门人员健康和安全的条件和因素，考虑和避免因使用不当对使用者造成的健康和安全的危害。

（2）职业健康安全管理的任务，是建筑生产组织（企业）为达到建筑工程的职业健康安全管理的目的指挥和控制组织的协调活动，包括制定、实施、实现、评审和保持职业健康安全管理方针所需的组织机构、计划活动、职责、惯例（法律法规）、程序文件、过程和资源，不同的组织（企业）根据自身的实际情况制定方针，并为实施、实现、评审和保持（持续改进）来建立组织机构、策划活动、明确职责、遵守有关法律法规和惯例、编制程序控制文件，实行过程控制并提供人员、设备、资金和信息资源（表6-1）。

表 6-1　　　　　　　　　　　　　职业健康安全管理任务参考模版

| 任务 | 项目 | | | | | | |
|---|---|---|---|---|---|---|---|
| | 组织机构 | 计划活动 | 职责 | 法律法规 | 程序文件 | 过程 | 资源 |
| 职业健康安全方针 | | | | | | | |

### 2. 职业健康安全管理的一般规定

（1）组织应遵照《建设工程安全生产管理条例》和《职业健康安全管理体系》（GB/T 28000），坚持安全第一、预防为主和防治结合的方针，建立并持续改进职业健康安全管理体系。项目经理应负责项目职业健康安全的全面管理工作。项目负责人、专职安全生产管理人员应持证上岗。

（2）组织应根据风险预防要求和项目的特点，制定职业健康安全生产技术措施计划，确定职业健康安全生产事故应急救援预案，完善应急准备措施，建立相关组织。发生事故，应按照国家有关规定，向有关部门报告。处理事故时，应防止二次伤害。

（3）在项目设计阶段应注重施工安全操作和防护的需要，采用新结构、新材料、新工艺的建设工程应提出有关安全生产的措施和建议。在施工阶段进行施工平面图设计和安排施工计划时，应充分考虑安全、防火、防爆和职业健康等因素。

（4）组织应按有关规定必须为从事危险作业的人员在现场工作期间办理意外伤害保险。

（5）项目职业健康安全管理应遵循下列程序：识别并评价危险源及风险、确定职业健康安全目标、编制并实施项目职业健康安全技术措施计划、职业健康安全技术措施计划实施结果验证，持续改进相关措施和绩效。

（6）现场应将生产区与生活、办公区分离，配备紧急处理医疗设施，使现场的生活设施符合卫生防疫要求，采取防暑、降温、保暖、消毒、防毒等措施。

★补充要点

**保证安全施工措施**

保证安全施工的关键是贯彻安全操作规程，对施工中可能发生的安全问题提出预防措施并加以落实。装饰工程施工安全的重点是防火、安全用电及高空作业等。在编制安全措施时要具有针对性，要根据不同的装饰施工现场和不同的施工方法，从防护上、技术上和管理上提出相应的安全措施。

### 3. 职业健康安全技术措施计划

职业健康安全技术措施计划应在项目管理实施规划中编制。编制项目职业健康安全技术措施计划应遵循下列步骤：工作分类、识别危险源、确定风险、评价风险、制定风险对策、评审风险对策的充分性。

项目职业健康安全技术措施计划应由项目经理主持编制，经有关部门批准后，由专职安全管理人员进行现场监督实施。项目职业健康安全技术措施计划应包括工程概况、控制目标、控制程序、组织结构、职责权限、规章制度、资源配置、安全措施、检查评价和奖惩制度以及对分包的安全管理等内容。策划过程应充分考虑有关措施与项目人员能力相适应的要求。

对结构复杂、施工难度大、专业性强的项目，必须制定项目总体、单位工程或分部、分项工程的安全措施；对高空作业等非常规性的作业，应制定单项职业健康安全技术措施和预防措施，并对管理人员、操作人员的安全作业资格和身体状况进行合格审查。对危险性较大的工程作业，应编制专项施工方案，并进行安全验证；临近脚手架、临近高压电缆以及起重机臂杆的回转半径达到项目现场范围以外的，均应按要求设置安全隔离设施。

### 4. 职业健康安全技术措施计划的实施

项目经理部应建立职业健康安全生产责任制，并把责任目标分解落实到人。

必须建立分级职业健康安全生产教育制度，实施公司、项目经理部和作业队三级教育，未经教育的人员不得上岗作业。作业前，要进行职业

健康安全技术交底，并应符合下列规定：工程开工前，项目经理部的技术负责人必须向有关人员进行安全技术交底；结构复杂的分部分项工程施工前，项目经理部的技术负责人应进行安全技术交底；项目经理部应保存安全技术交底记录。

组织应定期对项目进行职业健康安全管理检查，分析影响职业健康或不安全行为与隐患存在的部位和危险程度。职业健康的安全检查应采取随机抽样、现场视察、实地检测相结合的方法，记录检测结果，及时纠正发现的违章指挥和作业行为。检查人员应在每次检查结束后及时编写安全检查报告。

## 二、职业健康安全隐患和事故处理

### 1. 职业健康安全事故的分类

职业健康安全事故分两大类型，即职业伤害事故与职业病。

（1）职业伤害事故　是指因生产过程及工作原因或与其相关的其他原因造成的伤亡事故。

1）按照事故发生的原因分类。按照我国《企业伤亡事故分类》（GB 6411—86）标准规定，职业伤害事故分为物体打击、车辆伤害、机械伤害、起重伤害、触电、淹溺、灼烫、火灾、高处坠落、坍塌、冒顶片帮、透水、放炮、火药爆炸、瓦斯爆炸、锅炉爆炸、容器爆炸、其他爆炸、中毒和窒息、其他伤害等20类。

2）按事故后果严重程度分类

① 轻伤事故：造成职工肢体或某些器官功能性或器质性轻度损伤，表现为劳动能力轻度或暂时丧失的伤害，一般每个受伤人员休息1个工作日以上，105个工作日以下；

② 重伤事故：一般指受伤人员肢体残缺或视觉、听觉等器官受到严重损伤，能引起人体长期存在功能障碍或劳动能力有重大损失的伤害，或者造成每个受伤人损失105个工作日以上的失能伤害；

③ 死亡事故：一次事故中死亡职工 1 ~ 2 人的事故；

④ 重大伤亡事故：一次事故中死亡 3 人以上（含 3 人）的事故；

⑤ 特大伤亡事故：一次死亡 10 人以上（含 10 人）的事故；

⑥ 特别重大伤亡事故。

（2）职业病　因从事接触有毒、有害物质或不良环境的工作而造成的急慢性疾病，属于职业病（图 6-2）。

图 6-2　长期在不良环境中工作容易引起职业病

---

**★补充要点**

**职业病分类**

2002 年卫生部会同劳动和社会保障部发布的《职业病目录》，列出的法定职业病为 10 大类共 115 种。该目录中所列的 10 大类职业病如下：肺尘埃沉着病、职业性放射性疾病、职业中毒、物理因素所致职业病、生物因素所致职业病、职业性皮肤病、职业性眼病、职业性耳鼻喉口腔疾病、职业性肿瘤、其他职业病。

---

**2. 职业健康安全事故的处理**

（1）安全事故处理的原则

1）事故原因不清楚不放过；

2）事故责任者和员工没有受到教育不放过；

3）事故责任者没有处理不放过；

4）没有制定防范措施不放过。

（2）安全事故处理程序

1）报告安全事故；

2）处理安全事故、抢救伤员、排除险情、防止事故蔓延扩大，做好标识，保护好现场等；

3）安全事故调查；

4）对事故责任者进行处理；

5）编写调查报告并上报。

（3）安全事故统计规定

1）企业职工伤亡事故统计实行以地区考核为主的制度。各级隶属关系的企业和企业主管单位要按当地安全生产行政主管部门规定的时间报送报表。

2）安全生产行政主管部门对各部门的企业职工伤亡事故情况实行分级考核。企业报送主管部门的数字要与报送当地安全生产行政主管部门的数字一致，各级主管部门应如实向同级安全生产行政主管部门报送。

3）省级安全生产行政主管部门和国务院各有关部门及计划单列的企业集团的职工伤亡事故统计月报表、年报表应按时报到国家安全生产行政主管部门。

（4）职业健康安全隐患处理规定。职业健康安全隐患处理应符合下列规定：

1）区别不同的职业健康安全隐患类型，制订相应整改措施并在实施前进行风险评价；

2）对检查出的隐患及时发出职业健康安全隐患整改通知单，限期纠正违章指挥和作业行为；

3）跟踪检查纠正预防措施的实施过程和实施效果，保存验证记录。

（5）职业健康安全事故处理规定

1）事故调查组提出的事故处理意见和防范措施建议，由发生事故的企业及其主管部门负责处理；

2）因忽视安全生产、违章指挥、违章作业、玩忽职守或者发现事故隐患、危害情况而不采取有效措施以致造成伤亡事故的，由企业主管部门或者企业按照国家有关规定，对企业负责人和直接责任人员给予行政处分；构成犯罪的，由司法机关依法追究刑事责任；

3）在伤亡事故发生后隐瞒不报、谎报、故意迟延不报，故意破坏事故现场，或者以不正当理由拒绝接受调查以及拒绝提供有关情况和资料的，由有关部门按照国家有关规定，对有关单位负责人和直接责任人员给予行政处分；构成犯罪的，由司法机关依法追究刑事责任；

4）伤亡事故处理工作应当在 90 日内结案，特殊情况不得超 180 日，伤亡事故处理结案后，应当公开宣布处理结果。

> **★小知识**
>
> **施工人员要注意：**
>
> 　　认真学习有关安全法规、标准、操作规程等，熟悉掌握安全生产应知、应会，遵守安全生产规章制度。树立安全第一的思想，认真执行安全技术操作规程，有权拒绝违章指挥。做好班前安全自检，发现隐患，立即排除和上报处理。

# 第二节　工程项目风险与沟通管理

## 一、装饰工程项目风险管理

在一个项目的寿命周期内，它要经过不同的阶段，每个阶段由于项目参与各方的不同管理方法以及参与各方利益的不尽相同，项目各类资源管理的不尽相同，使得项目的风险难以预测，如何进行有效的风险管理就显得尤为重要。

装饰项目施工管理中，如何主动发现风险的范围，对风险进行有效的识别，进行正确的评估，正确选取对策进行风险的控制，以此提高项目风险管理的效率，是进行项目管理的一个重要手段。

### 1. 项目风险管理概述

（1）风险和风险量

1）风险指的是损失的不确定性，对建设装饰工程项目管理而言，风险是指可能出现的影响项目目标实现的不确定因素。

2）风险量指的是不确定的损失程度和损失发生的概率。如果某个可能发生的事件，可能的损失程度和发生的概率都很大，那么其风险量就很大。

3）项目风险指的是在企业经营和项目施工过程中存在大量的风险因素，如自然风险、政治风险、经济风险、技术风险、社会风险、国际风险、内部决策与管理风险等。风险具有客观存在性、不确定性、可预测性、结果双重性等特征。工程承包事业是一项风险事业，承包人和项目经理要面临一系列的风险，必须在风险面前做出决策。决策正确与否，与承包人对风险的判断和分析能力密切相关。

（2）建筑装饰工程项目的风险包括项目决策的风险和项目实施的风险。项目决策的风险主要集中在项目实施前的装饰工程承揽意向和招投标技巧的取舍的阶段。项目实施的风险主要包括设计的风险、施工的风险，以及材料、设备和资源的风险等。图 6-3 为建设装饰工程项目的风险分类。由于项目风险的分类方法较多，以下就构成风险的因素进行分类，来具体介绍。

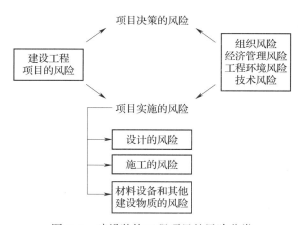

图 6-3　建设装饰工程项目的风险分类

1）组织风险

① 承包商管理人员和一般技工的知识、经验和能力；

② 施工机具操作人员的知识、经验和能力；

③ 损失控制和安全管理人员的知识、经验和能力等。

2）经济与管理风险

① 装饰工程资金供应条件；

② 现场与公用防火设施的可用性及其数量；

③ 合同风险；

④ 事故防范措施与计划；

⑤ 人身安全控制计划；

⑥ 信息安全控制计划等

3）装饰工程环境风险

① 自然灾害；

② 工程地质条件和水文地质条件；

③ 气象条件；

④ 火灾和爆炸的因素等（图6-4）。

图6-4 施工火灾

4）技术风险

① 装饰工程技术文件；

② 装饰工程施工方案；

③ 装饰工程物资；

④ 装饰工程机具等。

在进行装饰施工组织设计的编写时，要注意根据现行装饰项目的特点，有针对性地找出装饰施工风险的类型，进行合理分析，为下一环节的施工风险管理做准备。

（3）风险的基本性质

1）风险的客观性，首先表现在它的存在方式是不以人的意志为转移的。从根本上说，这是因为决定风险的各种因素对风险主体是独立存在的，不管风险主体是否意识到风险的存在，在一定条件下仍有可能变为现实。其次，还表现在风险是时时刻刻存在的，它存在于人类社会的发展过程之中，潜藏于人类从事的各种活动之中。

2）风险的不确定性，表现在风险的发生是不确定的，即风险的程度有多大，风险何时何地有可能转变为现实均是不肯定的。只是由于人们对客观世界的认识受到各种条件的限制，不可能准确预测风险的发生。

风险的不确定性要求人们运用各种方法，尽可能地对风险进行测度，以便采取相应的对策规避风险。

3）风险的不利性表现在风险一旦产生，就会使风险主体产生挫折、损失，甚至失败，这对风险主体是极为不利的。风险的不利性要求人们在承认风险、认识风险的基础上，作好决策，尽可能避免风险，将风险的不利性降至最低。

4）风险的可变性是指在一定条件下，风险可以转化。

5）风险的相对性是针对风险主体而言的，即使在相同的风险情况下，不同的风险主体对风险的承受能力也是有不同的。

6）风险同利益的对称性表现在对风险主体来说，风险和利益必然同时存在，即风险是利益的代价，利益是风险的报酬。如果没有利益而只有风险，那么谁也不会去承担这种风险；另一方面，为了实现一定的利益目标，必须以承担一定的风险为前提。就像股票投资，普通股风险大而收益大，优先股风险小而收益小。

> **★小知识**
>
> **风 险 降 低**
>
> 有两方面的含义，一是降低风险发生的概率；二是一旦风险事件发生尽量降低其损失。如项目管理者在进行项目采购时可预留部分项目保证金，如果材料出问题则可用此部分资金支付，这样就降低了自己所承担的风险。采用风险控制方法对项目管理是有利的，可使项目成功的概率大大加大。

**2. 风险识别**

风险识别的任务是识别施工全过程存在哪些风险，工作流程如下：

（1）收集与施工风险有关的信息 从项目整体和详细的范围两个层次对项目计划、项目假设条件和约束因素、以往项目的文件资料审核中识别风险因素，收集相关信息。

信息收集整理的主要方法有以下几种。

1）头脑风暴（brain storming，简称 BS）法，是一种特殊形式的小组会。它规定了一定的特殊规则和方法技巧，从而形成了一种有益于激励创造力的环境氛围，使与会者能自由畅想，无拘无束地提出自己的各种构想、新主意，并因相互启发、联想而引起创新设想的连锁反应，通过项目方式去分析和识别项目风险。

2）德尔菲法（Delphi 法）是邀请专家匿名参加项目风险分析识别的一种方法。

3）访谈法是通过对资深项目经理和相关领域的专家进行访谈，对项目风险进行识别。

4）SWOT 技术是运用项目的优势与劣势、机会与威胁各方面，从多视角对项目风险进行识别，也就是企业内外情况对照分析法。它是将外部环境中的有利条件和不利条件，以及企业内部条件中的优势和劣势分别记入一个"田"字形的表格，然后对照利弊优劣，进行经营决策，具体见表6-2。

表6-2　职业健康安全管理任务

| 外部条件 | 内部条件 | |
|---|---|---|
| | 优势（S） | 劣势（W） |
| 机会（O） | SO 战略方案（依靠内部优势，利用外部机会） | WO 战略方案（利用外部机会，克服内部劣势） |
| 威胁（T） | ST 战略（利用内部优势，避开外部威胁） | WT 战略方案（减少内部劣势，回避外部威胁） |

（2）确定风险因素 风险识别后，把识别后的因素进行归类，整理出结果，写成书面文件，为风险分析的其余步骤和风险管理做准备。规范化的文件有如下内容。

1）项目风险表，又称为项目风险清单，可将已识别出的项目风险列入表内，内容应该包括：

①已识别项目风险发生概率大小的估计；

②项目风险发生的可能时间、范围；

③项目风险事件带来的损失；

④项目风险可能影响的范围。

项目风险表还可以按照项目风险的紧迫程度、项目费用风险、进度风险和质量风险等类别单独做出风险排序和评价。

2）风险的分类或分组。找出风险因素后，为了在采取控制措施时能分清轻重缓急，故需要对风险进行分类或分组。例如，对于常见的建设项目，可将风险按项目建议书、融资、设计、设备订货、施工及运营阶段分组，也可对风险因素划定一个等级。通常，按事故发生后果的严重程度划分风险等级。

一级，后果小、可以忽略，可不采取措施；

二级，后果较小，暂时还不会造成人员伤亡和系统损坏，应考虑采取控制措施；

三级，后果严重，会造成人员伤亡和系统损坏，需立即采取控制措施；

四级，灾难性后果，必须立刻予以排除。

（3）编制施工风险识别报告　在现行很多装饰项目的管理中，风险识别报告都以表格的形式出现，大型的装饰公司还会以近几年的装饰工程中出现频率较多的风险因素进行系统归纳整理，以备后续类似项目使用。

### 3. 风险评估

（1）风险评估是项目风险管理的第二步。项目风险评估包括风险估计和风险评价两个内容。

风险估计的对象是项目的各单个风险，非项目整体风险。风险评估有如下几方面的目的：加深对项目自身和环境的理解；进一步寻找实现项目目标的可行方案；务使项目所有的不确定性和风险都经过充分、系统而又有条理的考虑，明确不确定性对项目其他各个方面的影响；估计和比较项目各种方案或行动路线的风险大小、从中选择出最佳的方案或行动路线。

风险评估把注意力转向包括项目所有阶段的整体风险，各个风险之间的互相影响、相互作用及对项目的总体影响，项目主体对风险的承受能力上。

（2）风险分析方法包括估计方法与风险评价方法。这些方法又可分为定量方法与定性方法。这里主要介绍几种定量分析方法。

一般来说，完整而科学的风险评估应建立在定性风险分析与定量分析相结合的基础之上。定量风险分析过程的目标是量化分析每一风险的概率及对项目目标造成的后果，同时也分析项目总体风险程度。

1）盈亏平衡分析又称量本利分析或保本分析。它是研究企业经营中一定时期的成本、业务量（生产量或销售量）和利润之间的变化规律，从而对利润进行规划的一种技术方法。

2）项目风险评估中的敏感分析是通过分析预测有关投资规模、建设工期、经营期、产销期、产销量、市场价格和成本水平等主要因素的变动对评价指标的影响及影响程度。一般是考查分析上述因素单独变动对项目评价的主要指标净现值和内部收益率的影响。

3）决策树法因解决问题的工具是"树"而得名，分析程序如下。

① 绘制决策树图，如图6-5所示。

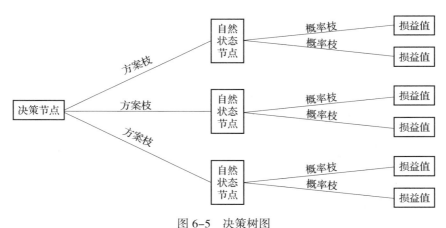

图6-5　决策树图

画决策树图时，实际上是拟定各种决策方案的过程，也是对未来可能发生的各种自然状况进行思考和预测的过程。

② 预计将来各种情况可能发生的概率。概率数值可以根据经验数据来估计或依靠过去的历史资料来推算，还可以采用先进的预测方法和手段进行推算。

③ 计算每个状态节点的综合损益值。综合损益值也叫综合期望值（MV），是用来比较各种抉择方案结果的一个准则。损益值只是对今后情况的估计，并代表一定要出现的数值。根据决策问题的要求，可采用最小损益值，如成本最小、费用最低等，也可采用最大收益值，如利润最大、节约额最大等。计算公式为：

$$\sum MV(i) = \sum（损益值 \times 概率值）\times$$

经营年限 - 投资额

④ 择优决策。比较不同方案的综合损益期望值，进行择优，确定决策方案，将决策树图上舍弃的方案枝画上删除号，剪掉。

（3）风险评估的工作内容

1）利用已有数据资料（主要是类似项目有关风险的历史资料）和有关专业方法分析各类风险因素发生的概率；

2）分析各种风险的损失量，包括可能发生的工期损失、费用损失，以及对装饰工程的质量、装饰使用功能和使用效果等方面的影响；

3）根据各种风险发生的概率和损失量，确定各种风险的风险量和风险等级。

**4. 风险对策与控制**

（1）风险控制的工作内容　在施工进展过程中应该同步收集和分析有关的各类信息，预测可能发生的风险，对其进行监控并提出预警。表6-3就是在装饰施工进程中对危险源进行风险控制的一项清单。

表 6-3　　　　　　　　　　　　　项目部危险清单

| 风险 | 过程、活动、人、管理组合 |
|---|---|
| 高空坠落 | 1. 施工人员在脚手架（室内、室外）处施工；<br>2. 施工人员在门式移动脚手架处施工；<br>3. 施工人员在架梯上施工；<br>4. 四口（电梯口、楼梯口、预留洞口、通道口），五临边（窗台边、楼板边等）的防护 |
| 物体打击 | 1. 室内脚手架、架梯、移动脚手上机具和物料的坠落；<br>2. 室外脚手架、移动脚手上机具和物料的坠落；<br>3. 高处向下投掷和垃圾抛掷产生的物体坠落；<br>4. 四口（电梯口、楼梯口、预留洞口、通道口），五临边（窗台边、楼板边等）的物体坠落 |
| 机具伤害 | 1. 手持电动机具（电钻、冲击钻、钢材切割机、石材切割机等）施工时机具伤害；<br>2. 木工机具（圆盘、挖孔机等）施工时的机具伤害；<br>3. 空压机、电焊机等机具设备施工时的机具伤害 |
| 触电 | 1. 施工用电（线路、配电箱等）造成的触电；<br>2. 空压机、电焊机、手持电动机具造成的触电；<br>3. 带电作业、雷电等造成的触电 |
| 火灾和爆炸 | 1. 电焊作业、气焊作业造成的火灾；<br>2. 易燃、易爆材料的燃烧造成的火灾；<br>3. 易燃、易爆物品造成的爆炸；<br>4. 明火作业造成的火灾；<br>5. 线路超负荷用电造成的火灾；<br>6. 禁烟区域未杜绝吸烟造成的火灾 |

（2）风险对策与控制

1）回避风险，是指项目组织在决策中回避高风险的领域、项目和方案，进行低风险选择；

2）转移风险，是指将组织或个人项目的部分风险或全部风险转移到其他组织或个人；

3）损失控制，是指损失发生前消除损失可能发生的根源，并减少损失事件的频率，在风险事件发生后减少损失的程度，损失控制的基本点在于消除风险因素和减少风险损失；

4）自留风险，又称为承担风险，是由项目组织自己承担风险事故所致损失的措施；

5）分散风险，项目风险的分散是指项目组织通过选择合适的项目组合，进行组合开发创新，使整体风险得到降低。

## 二、装饰工程沟通管理

### 1. 项目沟通的分类

（1）内部关系的沟通与协调　内部关系是指企业内部（含项目经理部）的各种关系。

（2）近外层关系的沟通与协调　近外层关系指企业与同发包人签有合同的单位的关系。

（3）远外层关系的沟通与协调　远外层关系是指与企业及项目管理有关耽误合同约束的单位的关系。

### 2. 项目沟通计划

（1）项目沟通计划一般应包括下列内容：

1）人际关系的沟通计划；

2）组织机构关系的沟通计划；

3）供求关系的沟通计划；

4）协作配合关系的沟通计划。

（2）项目沟通计划的实施策略　沟通应坚持动态工作原则。在装饰项目实施过程中，随着运行阶段的不同，所存在的关系和问题都有所不同，如项目进行的初期主要是供求关系的沟通和协调，项目进行的后期主要是合同和法律、法规约束关系的沟通与协调，涉及索赔、结算、经济

利益等。

### 3. 项目沟通依据和方式

（1）沟通依据　由于沟通是为了更好地进行装饰项目的实施，因此在沟通进程中，必须遵守一定的游戏规则，必须在双方能够接受的相应依据中寻求解决办法，使双方能够达成一致，因此沟通的依据是多方位的。它包括：双方合同文件；工程联系函；规章制度；第三方信息；其他法律及法规许可的文本。

（2）沟通方式

1）正式沟通与非正式沟通。正式沟通是组织内部的规章制度所规定的沟通方法，主要包括组织系统正式发布命令、指示、文件，组织召开的正式会议，组织正式颁布的法令规章、手册、简报、通知、公告，组织内部上下级之间的同事之间因工作需要而进行的正式接触。非正式沟通指在正式沟通渠道之外进行的信息传递和交流，是一类以社会关系为基础，与组织内部的规章制度无关的沟通方式。

2）上行沟通、下行沟通和平行沟通。上行沟通是指下级的意见向上级反映，即自下而上的沟通。下行沟通是指领导者对员工进行的自上而下的信息沟通。平行沟通是指组织中部门之间的信息交流。斜向沟通是指信息在不同层次的不同部门之间流动式的沟通。

3）单向沟通和双向沟通。单向沟通是指发送者和接收者之间的地位不变（单向传递），一方只发送信息，另一方只接收信息。与单项沟通相对应，双向沟通中发送者和接收者之间的位置不断交换，且发送者是以协商和讨论的姿态面对接收者，信息发出以后还需及时听取反馈意见，必要时双方可进行多次重复商谈，直到双方共同明确和满意为止。

4）书面沟通和口头沟通。书面沟通是指用通知、文件、报刊、备忘录等书面形式进行的信息传递和交流，优点是可以作为资料长期保存，

反复查阅，显得正式和严肃。口头沟通就是运用口头表达，如谈话、游说、演讲等进行信息交流的活动，优点是传递消息较为准确，沟通比较灵活，速度快，双方可以自由交换意见。

5）言语沟通和体语沟通。言语沟通是利用语言、文字、图画、表格等形式进行的。体语沟通是利用动作、表情、姿态等非语言方式（形体）进行的。一个动作、一个表情、一个姿势都可以向对方传递某种信息，不同形式、丰富多彩的"身体语言"也在一定程度上起着沟通的作用。

（3）沟通的渠道　沟通渠道分为正式沟通渠道与非正式沟通渠道两种。

1）正式沟通渠道。在大多数沟通中，信息发送者并非把信息传给接收者，中间要经过某些人的转接，这就产生了不同的沟通渠道。不同的沟通渠道产生的信息交流效率是不同的。

2）非正式沟通渠道。在一个组织中，除了正式沟通渠道，还存在着非正式的沟通渠道，有些消息往往是通过非正式渠道传播的，其中包括小道消息的传播。

**4. 项目沟通障碍与冲突管理**

（1）装饰项目沟通中的障碍　在项目实施过程中，由于沟通与协调不利或沟通与协调工作不到位，常常使得组织工作出现混乱，影响整个项目的实施效果，会出现如下一些沟通中的障碍。

1）项目组织或项目经理部中出现混乱，总体目标不明确，不同部门和单位的兴趣与目标不同，各人有各人的打算和做法，甚至尖锐对立，而项目经理无法调解冲突或无法解释。

2）项目经理部经常讨论不重要的事务性问题，沟通与协调会议经常被一些言非正传的职能部门领导打断、干扰或是偏离了议题。

3）信息未能在正确的时间内以正确的内容和详细程度传达到正确位置，人们抱怨信息不够，活太多，或不及时，或不着要领。

> **★补充要点**
> **项目管理要全方位**
> 　　项目是开放的复杂系统。项目的确立将或全部或局部的涉及社会政治、经济、文化等诸多方面，对生态环境、能源将产生或大或小的影响，这就决定了项目沟通管理应从整体利益出发，运用系统的思想和分析方法，全过程、全方位地进行有效的管理。

4）项目经理部中没有应有的冲突，但它在潜意识中存在，人们不敢或不习惯将冲突提出来公开讨论。

5）项目经理部中存在或散布着不安全、绝望等气氛，特别是在项目遇到危机、上下系统准备对项目做重大变更，对项目组织做调整或项目即将结束时更加突出。

6）项目实施中出现混乱，人们对合同、指令、责任书理解不一致或不能理解，特别在国际工程以及国际合作项目中，由于不同语言的翻译造成理解的混乱。

7）项目得不到职能部门的支持，无法获得资源和管理服务，项目经理花大量的时间和精力周旋于职能部门之间，与外界不能进行正常的信息交流（图6-6）。

图6-6　项目沟通

（2）项目沟通中的冲突表现形式　沟通不顺利或沟通与协调工作不成功常常会导致项目相关方的冲突，继而引发不必要的冲突，使项目管理目标难以进行。常有的冲突如下。

1）目标冲突。项目组织成员各有自己的目标和打算，对项目的总目标缺乏了解和共识；项目的目标系统存在矛盾，如同时过度要求压缩工期、降低成本、提高质量标准等。

2）专业冲突。如对工艺方案、设备方案存在不一致看法，建筑造型与结构之间的矛盾等。

3）角色冲突。如企业任命总工程师作为项目经理，他既有项目工作，又有原部门的工作，常常以总工程师的立场和观点看待项目，解决问题。

4）过程的冲突。如决策、计划、控制之间对问题处理的方式和方法之间的矛盾。

5）项目组织间的冲突。如项目间的利益冲突、行为的不协调、合同中存在矛盾和漏洞，以及权力的冲突和互相推卸责任，项目经理部与职能部门之间的界面冲突等。

（3）冲突的解决措施　在实际工程中，组织冲突普遍存在，不可避免。在项目实施的整个过程中，项目经理要花大量时间处理冲突并进一步解决，这已成为项目经理的日常工作。组织冲突是一个复杂的问题，它会导致关系紧张和意见分歧。通常，争吵是冲突中易出现的现象。若产生激烈的冲突，以致形成尖锐的对立，就会造成组织摩擦、能量的损耗和低效率。

正确的处理方法不是宣布不许冲突或让冲突自己消亡，而是通过冲突发现问题，暴露矛盾，从而获得新的信息，然后通过积极的引导和沟通达成一致，化解矛盾。对冲突的处理首先要取决于项目管理者的管理艺术，以及对冲突的认识程度等。领导者要有效地管理冲突，有意识地引起冲突，通过冲突引起讨论和沟通；通过详细的协商，以求平衡和满足各方面的利益，达到项目目标的最优解决。

> ★**小知识**
>
> ### 项目沟通管理
>
> 工程项目沟通管理是现代项目管理的重要内容，是工程项目管理的重要组成部分，贯穿工程项目建设全过程。项目沟通管理主要体现在以下三个方面：第一，信息的传递；第二，双向的交流；第三，对方理解信息。项目沟通管理贯穿于现代项目管理其他几个知识领域的全过程，是项目各个管理环节的纽带。

## 第三节　建筑装饰环境保护

### 一、工程项目环境管理概述

工程项目环境管理的目的和任务

（1）工程项目环境管理的目的是保护生态环境，使社会的经济发展与人类的生存环境相协调。控制作业现场的各种粉尘、废水、废气、固体废物以及噪声、振动对环境的污染和危害，考虑能源节约和避免资源的浪费。

（2）工程项目环境管理的任务是建筑生产组织（企业）为达到建筑工程环境管理的目的指挥和控制组织的协调活动，包括制定、实施、实现、评审和保持工程项目环境方针所需的组织机构、计划活动、职责、惯例（法律法规）、程序文件、过程和资源（表6-4）。

表6-4　　　　　　　　工程项目环境管理任务参考模版

| 任务 | 项目 | | | | | | |
|---|---|---|---|---|---|---|---|
| | 组织机构 | 计划活动 | 职责 | 法律法规 | 程序文件 | 过程 | 资源 |
| 环境方针 | | | | | | | |

## 二、文明施工与现场管理

### 1. 文明施工

文明施工的目的是保持施工现场良好的作业环境、卫生环境和工作秩序。文明施工主要包括以下几个方面的工作：规范施工现场的场容，保持作业环境的整洁卫生；科学组织施工，使生产有序进行；减少施工对周围居民和环境的影响；保证职工的安全和身体健康（图6-7）。

图6-7 文明施工现场

（1）文明施工的意义

1）文明施工能促进企业综合管理水平的提高。保持良好的作业环境和秩序，对促进安全生产，加快施工进度，保证工程质量，降低工程成本，提高经济和社会效益有较大作用。文明施工涉及人、财、物各个方面，贯穿于施工全过程之中，体现了企业在工程项目施工现场的综合管理水平。

2）文明施工是适应现代化施工的客观要求。现代化施工更需要采用先进的技术、工艺、材料、设备和科学的施工方案，需要严密组织、严格要求、标准化管理和较好的职工素质等。文明施工能适应现代化施工的要求，是实现优质、高效、低耗、安全、清洁、卫生的有效手段。

3）文明施工代表企业的形象。良好的施工环境与施工秩序，可以得到社会的支持和信赖，提高企业的知名度和市场竞争力。

4）文明施工有利于员工的身心健康，有利于培养和提高施工队伍的整体素质。文明施工可以提高职工队伍的文化、技术和思想素质，培养尊重科学、遵守纪律、团结协作的大生产意识，促进企业精神文明建设，从而促进施工队伍整体素质的提高。

（2）文明施工的组织和制度管理

1）施工现场应成立以项目经理为第一责任人的文明施工管理组织。分包单位应服从总包单位的文明施工管理组织的统一管理，并接受监督检查。

2）各项施工现场管理制度应有文明施工的规定，包括个人岗位责任制、经济责任制、安全检查制度、持证上岗制度、奖惩制度、竞赛制度和各项专业管理制度等。

3）加强和落实现场文明检查、考核及奖惩管理，以促进施工文明管理工作提高。检查范围和内容应全面周到，包括生产区、生活区、场容场貌、环境文明及制度落实等内容。检查发现的问题应采取整改措施。

（3）建立、收集文明施工的资料及其保存的措施

1）上级关于文明施工的标准、规定、法律法规等资料。

2）施工组织设计（方案）中对文明施工的管理规定，各阶段施工现场文明施工的措施。

3）文明施工自检资料。

4）文明施工教育、培训、考核计划的资料。

5）文明施工活动各项记录资料。

（4）加强文明施工的宣传和教育

1）在坚持岗位练兵基础上，要采取派出去、请进来短期培训、上技术课、登黑板报、广播、看录像、看电视等方法狠抓教育工作。

2）要特别注意对临时工的岗前教育。

3）专业管理人员应熟悉掌握文明施工的规定

① 施工现场必须设置明显的标牌，标明工程项目名称，建设单位，设计单位，施工单位，项目经理和施工现场总代表人的姓名，开、竣工日期，施工许可证批准文号等。施工单位负责施工现场标牌的保护工作；

② 施工现场的管理人员在施工现场应当佩戴证明其身份的证卡；

③ 应当按照施工总平面布置图设置各项临时设施。现场堆放的大宗材料、成品、半成品和机具设备不得侵占场内道路及安全防护等设施；

④ 施工现场的用电线路、用电设施的安装和使用必须符合安装规范和安全操作规程，并按照施工组织设计进行架设，严禁任意拉线接电。施工现场必须设有保证施工安全要求的夜间照明；危险潮湿场所的照明以及手持照明灯具，必须采用符合安全要求的电压；

⑤ 施工机械应当按照施工总平面布置图规定的位置和线路设置，不得任意侵占场内道路。施工机械进场须经过安全检查，经检查合格的方能使用。施工机械操作人员必须建立机组责任制，并依照有关规定持证上岗，禁止无证人员操作；

⑥ 应保证施工现场道路畅通，排水系统处于良好的使用状态；保持场容场貌的整洁，随时清理建筑垃圾。在车辆、行人通行的地方施工，应当设置施工标志，并对沟井、坎穴进行覆盖；

⑦ 施工现场的各种安全设施和劳动保护器具，必须定期进行检查和维护，及时消除隐患，保证其安全有效。

⑧ 施工现场应当设置各类必要的职工生活设施，并符合卫生、通风、照明等要求。职工的膳食、饮水供应等应当符合卫生要求；

⑨ 应当做好施工现场安全保卫工作，采取必要的防盗措施，在现场周边设立围护设施；

⑩ 应当严格依照《中华人民共和国消防条例》的规定，在施工现场建立和执行防火管理制度，设置符合消防要求的消防设施，并保持完好的备用状态。在容易发生火灾的地区施工，或者储存、使用易燃易爆器材时，应当采取特殊的消防安全措施；

⑪ 施工现场发生工程建设重大事故的处理，依照《工程建设重大事故报告和调查程序规定》执行。

**2. 项目现场管理**

项目现场管理是指对施工现场内的施工活动及空间所进行的管理活动。项目现场管理的目的是规范场容、安全有序、整洁卫生、不扰民、不损害公共利益。

（1）项目现场管理的意义 施工项目现场管理十分重要，它是施工单位项目管理水平的集中体现，是项目的镜子，能反映出项目经理部乃至建筑企业的面貌；是进行施工的舞台；是处理各方关系的焦点；是连接项目其他工作的纽带。综上所述，现场管理是通过对施工场地的合理安排使用和管理，保证生产的顺利进行，减少污染，保护环境，达到各方满意的效果。

（2）项目现场管理的主要任务

1）贯彻当地政府的有关法令，向参建单位宣传现场管理的重要意义，提出现场管理的具体要求，进行现场管理区域的划分；

2）组织定期和不定期的检查，发现问题时，要求采取改正措施限期改正，并进行改正后的复查；

3）进行项目内部和外部的沟通，包括与当地有关部门及其他相关方的沟通，听取他们的意见和要求；

4）协调施工中有关现场管理的事项；

5）在业主或总包商的委托下，有表扬、批评、培训、教育和处罚的权力和职责；

6）有审批动用明火、停水、停电，占用现场内公共区域和道路的权力等。

（3）项目现场管理的内容

1）合理规划用地。

2）在施工组织设计中科学地进行施工总平面设计。在施工总平面图上，临时设施、大型机械、材料堆场、物资仓库、构件堆场、消防设施、道路及进出口、加工场地、水电管线、周转使用场地等，都应各得其所有利于安全和环境保护，有利于节约，便于工程施工。

3）加强现场的动态管理，不同的施工阶段，施工的需要不同，现场的平面布置亦应进行调整。

4）加强施工现场的检查。现场管理人员，应经常检查现场布置是否按平面布置图进行，是否符合各项规定，是否满足施工需要，还有哪些薄弱环节，从而为调整施工现场布置提供有用的信息，也使施工现场保护相对稳定，不被复杂的施工过程打乱或破坏。

5）建立文明的施工现场。

6）及时清场转移，施工结束后，项目管理班子应及时组织清场，将临时设施拆除，剩余物资退场，组织向新工程转移，以使整治规划场地，恢复临时占用土地。现场要做到自产自清、日产日清、工完场清的标准。

（4）项目现场管理的基本要求

1）场容管理要求。场容是指施工现场特别是主现场的现场面貌，包括入口、围护、场内道路、堆场的整齐清洁，也应包括办公室内环境及现场人员的行为。

首先，要创造清洁整齐的施工环境，达到保证施工的顺利进行和防止事故发生的目的；其次，通过合理地规划施工用地，分阶段进行施工总平面设计。要通过场容管理与生产过程其他管理工作的结合，达到现场管理的目的；最后，场容管理还应当贯穿到施工结束后的清场。

施工结束后应将地面上施工遗留的物资清理干净。现场不做清理的地下管道，除业主要求外一律切断供应源头。凡业主要求保留的地下管道，应绘成平面图交付业主，并做交接记录。

2）环境保护要求。建筑产品生产的特殊性，似乎决定着建筑产品生产过程中对环境的公开侵害，因此要求主导这项产品生产的管理者必须高度重视对环境的保护。

项目经理部应当遵守国家有关环境保护的法律规定，认真分析生产过程对环境的影响因素，并采取积极有效的措施控制各种粉尘、废气、废水、固体废物以及噪声、振动对环境的污染和危害。

① 妥善处理泥浆水和生产污水，未经处理的含油、泥的污水不得直接排入城市排水设施和河流；

②应尽量避免采用在施工过程中产生有毒、有害气体的建筑材料，特殊需要时，必须设置符合规定的装置，否则不得在施工现场熔融沥青或者焚烧油毡、油漆以及其他会产生有毒有害烟尘和恶臭气体的物质；

③ 使用密封式的圆筒或者采取其他措施处理高空废弃物；

④ 采取有效措施控制施工过程中的扬尘；

⑤ 禁止将有毒有害废弃物用作土方回填；

⑥ 对产生噪声、振动的施工机械，应采取有效控制措施、减轻噪声污染；

⑦ 由于受技术、经济条件限制，对环境的污染不能控制在规定范围内的，建设单位应当会

同施工单位事先报请当地人民政府建设行政主管部门和环境保护行政主管部门批准。

3）现场消防与保安要求。消防与保安是现场管理最具风险性的工作，工程项目管理有关单位必须签订消防保卫责任协议，明确各方职责，统一领导，有措施、有落实、有检查。有特殊要求的，应制订应急计划。

施工现场布置与工程施工过程中的消防工作，必须符合《中华人民共和国消防法》的规定。要建立消防管理制度，设置符合要求的消防设施，并保持良好的备用状态。要注意进行及时的消防教育。施工现场除施工必需的照明外，必须设有保证施工安全要求的夜间照明。高层建筑应设置楼梯照明和应急照明。

现场必须安排消防车出入口和消防道路、紧急疏散通道等，并应设置明显的标志或指示牌。施工现场消防管理还应注意现场的主导风向。

现场安全保卫工作，担负着现场防火、保安和现场物资保护等重任，现场人流、物流复杂，所以现场要设置固定的出入口，把好出入关，不容许非施工人员进入现场。

★小知识
**安全文明费用**

安全文明费用是必须缴纳的，所以在审计报告中措施费用（安全文明费用）这一块可以根据当地官方机构公布的费率记取，并具体说明一下，也可以从风险防范角度阐释一下。

4）现场卫生防疫要求。卫生防疫是涉及现场人员身体健康和生命安全的大事，在施工现场防止传染病和食物中毒事故发生的义务和责任，应在承发包合同中明确。

现场应备有医疗设施，在醒目位置张贴有关医院和急救中心电话号码，制订必要的防暑降温措施，进行消毒和疾病预防工作。食堂卫生必须

符合《中华人民共和国食品卫生法》和其他有关卫生管理规定的要求。

5）文明施工要求

① 通常要求做到主管挂帅，系统把关，普遍检查，建章建制，责任到人，落实整改，严明奖惩；

② 施工现场入口处应竖立有施工单位标志及现场平面布置图；

③ 要求职工遵守的施工现场规章制度、操作规范、岗位责任制及各种安全警示标志应公开张贴于施工现场明显的位置上；

④ 各次施工现场管理检查及奖惩结果应及时公布于众；

⑤ 现场材料构件堆放整齐，并留有通道，便于清点、运输和保管；

⑥ 施工现场、设备应经常清扫、清洗，做到自产自清、日产日清、完工场清；

⑦ 现场食堂、生活区要保持干净、整洁、无污物、无垃圾；

⑧ 采取有效措施降低粉尘、噪声、废气、废水、污水等对环境的污染，符合国家、地区和行业有关环境保护的法律、法规和规章制度；

⑨ 参加施工的各类人员都要保护个人卫生、仪表整洁，同时还要注意精神文明，杜绝打架、赌博、酗酒等行为的发生。

6）施工安全要求。

7）施工现场综合考评要求。为加强建设工程施工现场管理，提高施工现场的管理水平，实现文明施工，确保工程质量和施工安全，项目经理部应主动接受当地建设主管部门对工程施工现场管理的检查与考核（图6-8）。对于综合考评达不到合格的施工现场，主管考评工作的建设行政主管部门可根据责任情况，向建筑业企业或业主、监理单位以及项目经理部等相关单位提出警告、降级、取消资格、停工整顿等相应的处罚。

图 6-8　项目现场管理

★补充要点

**施工环境保护**

为了保护和改善生活环境及生态环境，防止由于装饰材料选用不当和施工不妥造成的环境污染。保障用户与工地附近居民及施工人员的身心健康，促进社会的文明发展，必须做好装饰用材及施工现场的环境保护工作。

## 第四节　实例分析：施工现场环境保护措施

该项目工程是一期商品楼房的建设，该项目施工时，对现场环境保护进行了严格的管理，下面就介绍一下该项目如何进行施工现场环境保护（图 6-9）。

图 6-9　施工现场

### 1. 生产、生活垃圾的统一管理

在生活、办公区设置若干活动垃圾箱，派专人管理和清理。生活区垃圾分类存放、统一处理，禁止在工地焚烧残留的废物（图 6-10）。

图 6-10　生活垃圾分类

设立卫生包干区，设立临时垃圾堆场，及时清理垃圾和边角余料。

加强临设的日常维护与管理，竣工后及时拆除，恢复平整状态。

土建墙面上配合施工时，采用专用切割设备，做到开槽开孔规范，定位准确，不乱砸乱打，野蛮施工。同时将产生的土建垃圾即时清理干净。

施工现场不准乱堆垃圾及余物，应在适当地点设置临时堆放点，专人管理，集中堆放，并定期外运。清运渣土垃圾及流体物品，要采取遮盖防尘措施，运送途中不得撒落。

为防止施工尘灰污染，在夏季施工临时道路地面洒水防尘。

施工现场材料多、垃圾多、人流大、车辆多，材料要及时卸货，并按规定堆放整齐，施工车辆运送中如有散落，派专人打扫。凡能夜间运输的材料，应尽量在夜间运输，天亮前打扫干净。

工程竣工后，施工单位在规定的时间内拆除工地围栏、安全防护设施和其他临时措施，做到"工完料净、工完场清"，工地及四周环境及时清理。

### 2. 材料堆放、机具停放的统一管理

材料根据工程进度陆续进场。各种材料堆放分门别类，堆放整齐，标志清楚，预制场地做到内外整齐、清洁，施工废料及时回收，妥善处

理。工人在完成一天的工作时，及时清理施工场地，做到工完场清。

各类易燃易爆品入库保管，乙炔和氧气使用时，两瓶间距大于 5 米，存放时封闭隔离；划定禁烟区域，设置有效的防火器材。

禁止随意占用现场周围道路，妨碍交通，若不得不临时占用，应首先征得市交通部门许可。施工用设备定期维修保养，现场排列整齐美观，并将机具设备停放整齐。

对大型设备、配件考虑其运输吊装通道，并及时组织就位安装，不得损坏其他单位或分包单位的产品。

现场使用的机械设备，要按平面固定点存放，遵守机械安全规程，经常保持维护清洁。机械的标记、编号明显，安全装置可靠（图6-11）。

图 6-11　施工设备整体摆放

### 3. 禁止污水、废水乱排放

施工现场与临设区保持道路畅通，并设置雨水排水明沟，使现场排水得到保障。

在办公区、临设区及施工现场设置饮水设备，保证职工饮用水的清洁卫生。

禁止工人现场随地便溺，一经发现除给予经济罚款外，并立即清除出场。

本着节约的原则要杜绝长流水、长明灯等现象。

施工中的污水、冲洗水及其他施工用水要排入临时沉淀池沉淀处理后排放（图6-12）。

图 6-12　施工污水、废水处理

职工宿舍内外应干燥，室内保持清洁，夏季喷洒消毒药水灭蚊、灭蝇。

机械排出的污水制定排放措施，不得随地流淌。

### 4. 有效控制噪声污染

夜间施工必须经业主或现场监理单位许可，并严格限制噪声的产生，使噪声污染控制在最小程度。

为了减少施工噪声，防止施工噪声污染，电动机要装消声器，压缩机要尽可能低音运转，并尽可能安装在远离临近房屋的地方，合理安排作业时间，减少夜间施工，减少噪声污染。

要减少施工噪声和粉尘对临近群众的影响，对大型机械采取简易的防噪措施。车辆在工地上限速行驶。避免产生灰尘，并经常洒水减少灰尘的污染。现场易生尘土的材料堆放及运输要加以遮盖。

尽量选用低噪声或备有消声降噪设备的施工机械。施工现场的强噪声机械（如电刨、砂轮机等）设置封闭的机械棚，以减少强噪声的扩散。

牵扯到产生强噪声的成品、半成品加工、制作作业，放在封闭工作间内完成，避免因施工现场加工制作产生的噪声。

### 5. 防治扬尘污染措施

严禁高空抛撒施工垃圾，防止尘土飞扬。清除建筑物废弃物时必须采取集装密闭方式进行，清扫场地时必须先洒水后清扫。对工业除锈中产生的扬尘，操作者在操作时戴防护口罩。对操作人员定期进行职业病检查。严禁在施工现场焚烧废弃物，防止有烟尘和有毒气体产生（图6-13）。

图6-13　利用防尘雾炮防治污染

## ★课后练习

1. 详细描述工程职业健康安全事故处理的程序。

2. 讲述现场文明施工的基本要求。

3. 讲述项目现场管理的基本要求。

4. 详细讲述风险管理的概念及流程。

5. 应对风险的对策有哪些？

6. 描述风险回避的概念并用装饰项目中的实例进行描述。

7. 根据身边的装饰项目，进行风险的识别，用表格的形式拟定风险清单，制定风险管理计划。

8. 什么是项目的沟通管理，以及其沟通的方式？

9. 讲述沟通计划的内容。

10. 对装饰施工中"触电"这一因素进行风险控制的方法有哪些？

11. 讲述沟通中的障碍，并举例说明。

12. 描述在冲突管理时如何进行措施的选取，举例说明。

# 第七章　工程收尾管理

PPT 课件，请在
计算机上阅读

**学习难度：** ★ ★ ☆ ☆ ☆
**重点概念：** 竣工验收、项目考核、回访与保修

## 章节导读

　　装饰装修工程项目收尾管理包括：竣工验收阶段管理，考核评价和产品回访与保修。竣工验收是承包人向发包人交付项目产品的过程，考核评价是对工程项目管理绩效的分析和评定，产品回访与保修是我国法律规定的基本制度。竣工验收阶段是工程项目建设全过程的终结阶段，当工程项目按设计文件及工程合同的规定内容全部施工完毕后，便可组织验收。通过竣工验收，移交工程项目产品，对项目成果进行总结、评价，交接工程档案资料，进行竣工结算，终止工程施工合同，结束工程项目实施活动及过程，完成工程项目管理的全部任务（图 7-1）。

图 7-1　开展竣工验收会对项目进行考核与评价

# 第一节　工程验收与考核、评价

## 一、竣工验收阶段的管理

### 1. 竣工验收

竣工是指工程项目经过承建单位的准备和实施活动，已完成了项目承包合同规定的全部内容，并符合发包单位的意图，达到了使用的要求，它标志着工程项目建设任务的全面完成。

竣工验收是工程项目建设环节的最后一道程序，是承包人按照施工合同的约定，完成设计文件和施工图纸规定的工程内容，经发包人组织竣工验收及工程移交的过程。

竣工验收的主体有交工主体和验收主体两方面，交工主体是承包人，验收主体是发包人，二者均是竣工验收的实施者，是互相依附而存在的；工程项目竣工验收的客体应是设计文件规定、施工合同约定的特定工程对象，即工程项目本身。

### 2. 竣工验收的条件和标准

（1）竣工验收的条件

1）设计文件和合同约定的各项施工内容已经施工完毕；

2）有完整并经核定的工程竣工资料，符合验收规定；

3）有勘察、设计、施工、监理等单位签署确认的工程质量合格文件；

4）有工程使用的主要建筑材料、构配件、设备进场的证明及试验报告；

5）有施工单位签署的工程质量保修书。

（2）竣工验收的标准

1）达到合同约定的工程质量标准　合同约定的质量标准具有强制性，合同的约束作用规范了承发包双方的质量责任和义务，承包人必须确

保工程质量达到双方约定的质量标准，不合格不得交付验收和使用。

2）符合单位工程质量竣工验收的合格标准　我国国家标准《建筑工程施工质量验收统一标准》（GB 50300—2013），对单位（子单位）工程质量验收合格相应规定（图 7-2）。

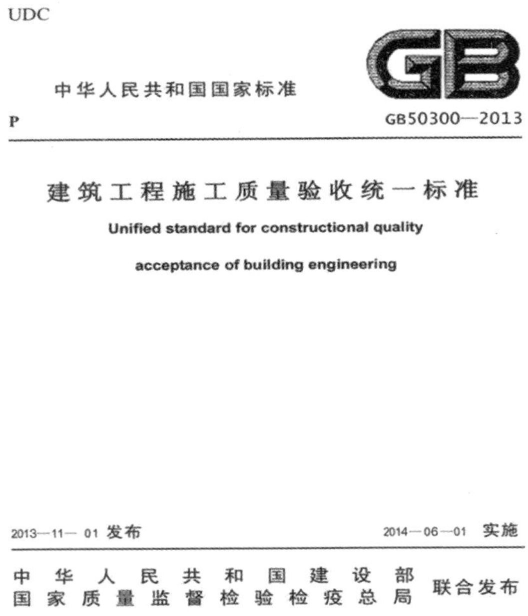

UDC

中华人民共和国国家标准

P

GB50300—2013

建 筑 工 程 施 工 质 量 验 收 统 一 标 准

Unified standard for constructional quality

acceptance of building engineering

2013—11—01 发布　　　　　2014—06—01 实施

中 华 人 民 共 和 国 建 设 部
国 家 质 量 监 督 检 验 检 疫 总 局　联合发布

图 7-2　建筑工程施工质量验收统一标准

3）单项工程达到使用条件或满足生产要求。组成单项工程的各单位工程都已竣工，单项工程按设计要求完成，民用建筑达到使用条件或工业建筑能满足生产要求，工程质量经检验合格，竣工资料整理符合规定。

4）建设项目能满足建成投入使用或生产的各项要求。组成建设项目的全部单项工程均已完成，符合交工验收的要求，建设项目能满足使用或生产要求。

### 3. 竣工验收的管理程序和准备

（1）竣工验收的管理程序　工程项目进入竣工验收阶段，是一项复杂而细致的工作，项目管理的各方应加强协作配合，按竣工验收的管理程序依次进行，认真做好竣工验收工作。

1）竣工验收准备。工程交付竣工验收前的

各项准备工作由项目经理部具体操作实施,项目经理全面负责,要建立竣工收尾小组,搞好工程实体的自检、收集、汇总、整理完整的工程竣工资料,扎扎实实地做好工程竣工验收前的各项竣工收尾及管理基础工作。

2)编制竣工验收计划。项目经理部应认真编制竣工验收计划,并纳入企业施工生产计划实施和管理,项目经理部按计划完工并经自检合格的工程项目应填写工程竣工报告和工程竣工报验单,提交工程监理机构签署意见。

3)组织现场验收。首先由工程监理机构依据施工图纸、施工及验收规范和质量检验标准、施工合同等对工程进行竣工预验收,提出工程竣工验收评估报告。然后由发包人对承包人提交的工程竣工报告进行审定,组织有关单位进行正式竣工验收。

4)进行竣工结算。工程竣工结算要与竣工验收工作同步进行。工程竣工验收报告完成后,承包人应在规定的时间内向发包人递交工程竣工结算报告及完整的结算资料。承发包双方依据工程合同和工程变更等资料,最终确定工程价款。

5)移交竣工资料。整理和移交竣工资料是工程项目竣工验收阶段必不可少且非常细致的一项工作。承包人向发包人移交的工程竣工资料应齐全、完整、准确,要符合国家城市建设档案管理、基本建设项目(工程)档案资料管理和建设工程文件归档整理规范的有关规定。

6)办理交工手续。工程已正式组织竣工验收,建设、设计、施工、监理和其他有关单位已在工程竣工验收报告上签认,工程竣工结算办完,承包人应与发包人办理工程移交手续,签署工程质量保修书,撤离施工现场,正式解除现场管理责任。

(2)竣工验收准备

1)建立竣工收尾班子。由项目经理牵头,成员包括技术负责人、生产负责人、质量负责人、材料负责人、班组负责人等多方面的人员组成竣工收尾班子,明确分工、责任到人,做到因事设岗、以岗定责、以责考核,限期完成工作任务,收尾项目完工要有检查手续,形成完善的收尾工作制度。

2)制订落实项目竣工收尾计划。项目经理要根据工作特点,项目进展情况及施工现场的具体条件负责编制落实有针对性的竣工收尾计划,并纳入统一的施工生产计划进行管理,以正式计划下达并作为项目管理层和下属部门岗位业绩考核的依据之一。竣工收尾计划的内容要准确而全面,应包括收尾项目的施工情况和资料整理。要明确各项工作内容的起止时间、负责班组及人员。竣工收尾计划可参照表7-1的格式编制。

表 7-1　　　　　　　　　　施工项目竣工收尾计划表格规范

| 序号 | 收尾项目名称 | 工作内容 | 起止时间 | 作业队组 | 负责人 | 竣工资料 | 整理人 | 验证人 |
|---|---|---|---|---|---|---|---|---|
| 1 | | | | | | | | |
| 2 | | | | | | | | |
| 3 | | | | | | | | |
| 4 | | | | | | | | |
| ... | | | | | | | | |

项目经理:　　　　　　　　　　技术负责人:　　　　　　　　　　编制人:

3）竣工收尾计划的检查。项目经理和技术负责人定期和不定期地对竣工收尾计划的执行情况进行严格的检查，重要部位要做好详细的检查记录。发现偏差要及时纠正，发现问题要及时整改，竣工收尾项目按计划完成一项，按标准检查一项，消除一项，直至全部完成计划内容。

4）竣工自检。项目经理部在完成施工项目竣工收尾计划，并确认已经达到了竣工的条件后，即可向所在企业报告，由企业自行组织有关人员依据质量标准和设计图纸等进行自检，填写工程质量竣工验收记录、质量控制资料核查记录、工程质量观感记录表等资料，对检查结果进行评定，符合要求后向建设单位提交工程验收报告和完整的质量资料，请建设单位组织验收。

5）竣工验收预约。承包人全面完成工程竣工验收前的各项准备工作，经监理机械审查验收合格后，承包人向发包人递交预约竣工验收的书面通知，说明竣工验收前的各项工作已准备就绪，满足竣工验收条件。

"交付竣工验收通知书"的内容格式如下：

### 交付竣工验收通知书

×××××（发包单位名称）

根据施工合同的约定，由我单位承建的×××××工程，已于××××年××月××日竣工，经自检合格，监理单位审查签认，可以正式组织竣工验收。请贵单位接到通知后，尽快洽商，组织有关单位和人员于××××年××月××日前进行竣工验收。

附件：1. 工程竣工报验单

2. 工程竣工报告

×××（单位公章）

××××年××月××日

**4. 竣工资料**

竣工资料是工程项目承包人按工程档案管理及竣工验收条件的有关规定，在工程施工过程中按时收集，认真整理，竣工验收后移交发包人汇总归档的技术与管理文件，是记录和反映工程项目实施全过程中工程技术与管理活动的档案。

（1）竣工资料的内容　竣工资料必须真实记录和反映项目管理全过程的实际，它的内容必须齐全完整。按照我国《建设工程项目管理规范》的规定，竣工资料的内容应包括工程施工技术资料、工程质量保证资料、工程检验评定资料以及竣工图和规定的其他应交资料。

1）施工技术资料，是建设工程施工全过程中的真实记录，是在施工全过程的各环节客观产生的工程施工技术文件，它的主要内容有：开工报告（包括复工报告）；项目经理部及人员名单、聘任文件；施工组织设计（施工方案）；图纸会审记录（纪要）；技术交底记录；设计变更通知；技术核定单；地质勘察报告；工程定位测量资料及复核记录；桩基施工记录；试桩记录和补桩记录；沉降观测记录；防水工程抗渗试验记录；混凝土浇灌令；商品混凝土供应记录；工程再次审核记录；工程质量事故报告；工程质量事故处理记录；施工日志；建设工程施工合同、补充协议；工程竣工报告；工程竣工验收报告；工程质量保修书；工程预（结）算书；竣工项目一览表；施工项目总结。

2）质量保证资料，是建设工程施工全过程中全面反映工程质量控制和保证的依据性证明资料，应包括原材料、构配件、器具及设备等的质量证明、合格证明、进场材料试验报告等。

3）检验评定资料，是建设工程施工全过程中按照国家现行工程质量检验标准，对工程项目进行单位工程、分部工程、分项工程的划分，再由分项工程、分部工程、单位工程逐级对工程质量做出综合评定的资料。工程检验评定资料的主要内容如下：

① 施工现场质量管理检查记录；

② 检验批质量验收记录；

③ 分项工程质量验收记录；

④ 分部（子分部）工程质量验收记录；

⑤ 单位（子单位）工程质量竣工验收记录（图 7–3）；

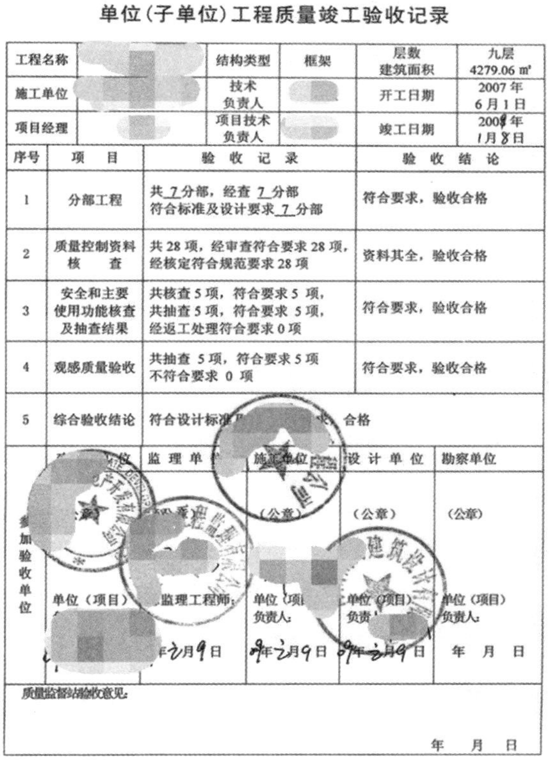

单位(子单位)工程质量竣工验收记录

| 工程名称 | | 结构类型 | 框架 | 层数<br>建筑面积 | 九层<br>4279.06 m² |
|---|---|---|---|---|---|
| 施工单位 | | 技术负责人 | | 开工日期 | 2007 年 6 月 1 日 |
| 项目经理 | | 项目技术负责人 | | 竣工日期 | 2008 年 1 月 8 日 |

| 序号 | 项目 | 验收记录 | 验收结论 |
|---|---|---|---|
| 1 | 分部工程 | 共 7 分部，经查 7 分部<br>符合标准及设计要求 7 分部 | 符合要求，验收合格 |
| 2 | 质量控制资料核查 | 共 28 项，经审查符合要求 28 项，<br>经核定符合规范要求 28 项 | 资料其全，验收合格 |
| 3 | 安全和主要使用功能核查及抽查结果 | 共核查 5 项，符合要求 5 项，<br>共抽查 5 项，符合要求 5 项，<br>经返工处理符合要求 0 项 | 符合要求，验收合格 |
| 4 | 观感质量验收 | 共抽查 5 项，符合要求 5 项<br>不符合要求 0 项 | 符合要求，验收合格 |
| 5 | 综合验收结论 | 符合设计标准……求，合格 | |

| 参加验收单位 | 监理单位 | 施工单位 | 设计单位 | 勘察单位 |
|---|---|---|---|---|
| （公章） | | （公章） | （公章） | （公章） |
| 单位（项目）负责人： | 总监理工程师： | 单位（项目）负责人： | 单位（项目）负责人： | 单位（项目）负责人： |
| 年 月 日 | 年 2 月 9 日 | 09 年 2 月 9 日 | 09 年 2 月 9 日 | 年 月 日 |

质量监督站验收意见：

年 月 日

图 7–3　竣工验收记录

⑥ 单位（子单位）工程质量控制资料核查记录；

⑦ 单位（子单位）工程安全和功能检验资料核查及主要功能抽查记录；

⑧ 单位（子单位）工程观感质量检查记录等。

**★补充要点**

**分项、分部、单位工程的划分**

一个建筑装饰工程，从施工准备工作开始到交付使用，必须经过若干工序、若干工种的配合施工；一个建筑装饰工程质量的好坏，取决于每一道施工工序、各施工工种的操作水平和管理水平。为了便于质量管理和控制，便于检查验收，在实际施工的过程中，把装饰工程项目划分为若干个分项工程、分部工程和单位工程。

4）竣工图，是真实地反映建设工程竣工后实际成果的重要技术资料，是建设工程进行竣工验收的备案资料，也是建设工程进行维修、改建、扩建的主要依据。

工程竣工后有关单位应及时编制竣工图，工程竣工图应逐张加盖“竣工图”章。“竣工图”章的内容应包括：发包人、承包人、监理人等单位名称，图纸编号、编号人、审核人、负责人、编制时间等。

5）规定的其他应交资料：

① 施工合同约定的其他应交资料；

② 地方行政法规、技术标准已有规定的应交资料等。

（2）竣工资料的收集整理　工程项目的承包人应按竣工验收条件的有关规定，建立健全资料管理制度，要设置专人负责，按照《建筑工程资料管理规程》（JGJ/T 185—2009）的要求，认真收集和整理工程竣工资料。

（3）竣工资料的移交验收

1）竣工资料的归档范围应符合《建筑工程资料管理规程》（JGJ/T 185—2009）的规定。凡是列入归档范围的竣工资料，承包人都按规定将自己责任范围内的竣工资料按组卷分类的要求移交给发包人，发包人对竣工资料验收合格后，将全部竣工资料整理汇总，按规定向档案主管部门移交备案。

2）竣工资料的交接要求指总包人必须对竣工资料的质量负全面责任，根据总分包合同的约定，负责对分包人的竣工资料进行中检和预检，有整改的待整改完成后，进行整理汇总，一并移交发包人；承包人根据建设工程施工合同的约定，在建设工程竣工验收后，按规定和约定的时间，将全部应移交的竣工资料交给发包人，并应符合城建档案管理的要求。

3）竣工资料的移交验收指发包人接到竣工资料后，应根据竣工资料移交验收办法和国家及地方有关标准的规定，组织有关单位的项目负责人、技术负责人对资料的质量进行检查，验证手续是否完备，应移交的资料项目是否齐全。所有资料符合要求后，承发包双方按编制的移交清单签字、盖章，依据资料归档要求双方交接，竣工资料交接验收完成。

**5. 竣工验收管理**

（1）一般来说，工程交付竣工验收可以按以下三种方式分别进行：

1）单位工程（或专业工程）竣工验收是指承包人以单位工程或某专业工程内容为对象，独立签订建设工程施工合同的，达到竣工条件后，承包人可单独进行交工，发包人根据竣工验收的依据和标准，按施工合同约定的工程内容组织竣工验收。

2）单项工程竣工验收又称为交工验收，即在一个总体建设项目中，一个单项工程已按设计图纸规定的工程内容完成，能满足生产要求或具备使用条件，承包人向监理人提交"工程竣工报告"和"工程竣工报验单"，经确认后应向发包人发出"交付竣工验收通知书"，说明工程完工情况、竣工验收准备情况、设备无负荷单机试车情况、具体约定交付竣工验收的有关事宜。

发包人按照约定的程序，依照国家颁布的有关技术标准和施工承包合同，组织有关单位和部门对工程进行竣工验收，验收合格的单项工程，在全部工程验收时，原则上不再办理验收手续。

3）全部工程的竣工验收又称为动用验收，指建设项目已按设计规定全部建成、达到竣工验收条件，由发包人组织设计、施工、监理等单位和档案部门进行全部工程的竣工验收。对一个建设项目的全部工程竣工验收而言，大量的竣工验收基础工作已在单位工程和单项工程竣工验收中进行了。对已经交付竣工验收的单位工程（中间交工）或单项工程并已办理了移交手续的，原则上不再重复办理验收手续，但应将单位工程或单项工程竣工验收报告作为全部工程竣工验收的附件加以说明。

（2）竣工验收的依据

1）上级主管部门对该项目批准的各种文件，包括设计任务书或可行性研究报告、用地、征地、拆迁文件、初步设计文件等；

2）工程设计文件，包括施工图纸及有关说明（图7-4）；

3）双方签订的施工合同；

4）设备技术说明书，它是进行设备安装调试、检验、试车、验收和处理设备质量、技术等问题的重要依据；

5）设计变更通知书，它是对施工图纸的修改和补充；

6）国家颁布的各种标准和规范，包括现行的《工程施工及验收规范》《工程质量检验评定标准》等；

7）外资工程应依据我国有关规定提交竣工验收文件。

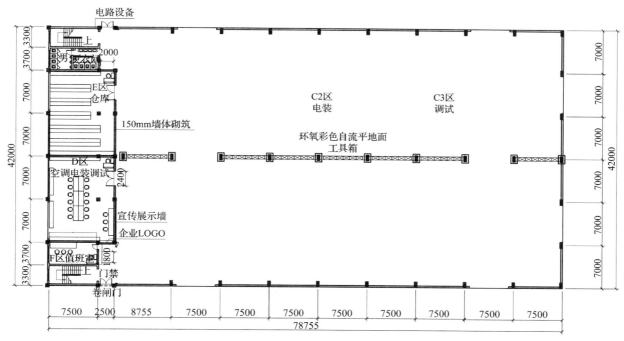

图 7-4　工程设计文件

（3）工程竣工验收报验　承包人完成工程设计和施工合同以及其他文件约定的各项内容，工程质量经自检合格，各项竣工资料准备齐全，确认具备工程竣工报验的条件，承包人即可填写并递交工程竣工报告和工程竣工报验单（表 7-2、表 7-3）。

表 7-2　　　　　　　　　　　　　　　**工程竣工报验单参考模版**

工程名称：　　　　　　　　　　　　　　　　　编号：

致：

　　我方已按合同要求完成了＿＿＿＿＿＿＿＿＿工程，经自检合格，请予以检查和验收。

附件：

　　　　　　　　　　　　　　　　　　　　承包单位（章）：＿＿＿＿＿＿

　　　　　　　　　　　　　　　　　　　　项　目　经　理：＿＿＿＿＿＿

　　　　　　　　　　　　　　　　　　　　日　　　　　期：＿＿＿＿＿＿

审查意见：

经初步验收，该工程

1. 符合 / 不符合我国现行法律、法规要求；

2. 符合 / 不符合我国现行工程建设标准；

3. 符合 / 不符合设计文件要求；

4. 符合 / 不符合施工合同要求。

综上所述，该工程初步验收合格 / 不合格，可以 / 不可以组织正式验收。

　　　　　　　　　　　　　　　　　　　　项目监理机构：＿＿＿＿＿＿

　　　　　　　　　　　　　　　　　　　　总监理工程师：＿＿＿＿＿＿

　　　　　　　　　　　　　　　　　　　　日　　　　　期：＿＿＿＿＿＿

表 7-3                                **工程竣工报告参考模版**

| 工程名称 | | 建筑面积 | |
|---|---|---|---|
| 工程地址 | | 结构类型 / 层数 | |
| 建设单位 | | 开 / 竣工日期 | |
| 设计单位 | | 合同工期 | |
| 施工单位 | | 工程造价 | |
| 监理单位 | | 合同编号 | |

| | 自检内容 | 自检意见 |
|---|---|---|
| 竣工条件自检情况 | 工程设计和合同约定的各项内容完成情况 | |
| | 工程技术档案和施工管理资料 | |
| | 工程所用建筑材料、建筑构配件、商品混凝土和设备的进场试验报告 | |
| | 涉及工程结构安全的试块、试件及有关材料试验、检验报告 | |
| | 地基与基础、主体结构等重要分部、分项工程质量验收报告签证情况 | |
| | 建设行政主管部门、质量监督机构或其他有关部门责令整改问题的执行情况 | |
| | 单位工程质量自检情况 | |
| | 工程质量保修书 | |
| | 工程款支付情况 | |
| | 交付竣工验收的条件 | |
| | 其他 | |

经检验，该工程已完成设计和施工合同约定的各项内容，工程质量符合有关法律、法规和工程建设强制性标准。

项目经理：

企业技术负责人：                             （施工单位公章）

企业法定代表人：                          ×××× 年 ×× 月 ×× 日

监理单位意见：

                                                   总监理工程师：     （公章）

                                                   ×××× 年 ×× 月 ×× 日

表格内容要按规定要求填写，项目经理、企业技术负责人、企业法定代表人应签字，并加盖企业公章。报验单的附件应齐全，足以证明工程已符合竣工验收要求。监理人收到承包人递交的工程竣工报验单及有关资料后，总监理工程师即可组织专业监理工程师对承包人报送的竣工资料进行审查，并对工程质量进行验收。验收合格后，总监理工程师应签署工程竣工报验单和质量评估结论，向发包人递交竣工验收的通知，具体约定工程交付验收的时间、会议地点和有关安排。

（4）竣工验收组织　发包人收到承包人递交的交付竣工验收通知书，应及时组织勘察、设计、施工、监理等，单位按照竣工验收程序，对工程进行验收核查。

1）成立竣工验收委员会或验收小组。大型项目、重点工程、技术复杂的工程，根据需要应组成验收委员会，一般工程项目，组成验收小组即可。竣工验收工作由发包人组织，主要参加人员有发包方、勘察、设计、总承包及分包单位的负责人、发包单位的工地代表、建设主管部门、备案部门的代表等。

2）建设单位组织竣工验收

① 由建设单位组织，建设、勘察、设计、施工、监理单位分别汇报工程合同履约情况和工程建设各个环节执行法律、法规和工程建设强制性标准的情况；

② 验收组人员审阅各种竣工资料，验收组人员应参考资料目录清单逐项进行检查，看其内容是否齐全，符合要求；

③ 实地查验工程质量，参加验收各方，对竣工项目实体进行目测检查；

④ 对工程勘察、设计、施工、监理单位各管理环节和工程实物质量等方面做出全面评价，形成经验收组人员签署的工程竣工验收意见；

⑤ 参与工程竣工验收的建设、勘察、设计、施工、监理单位等各方不能形成一致意见时，应当协商提出解决的方法，意见一致后，重新组织竣工验收；当不能协商解决时，由建设行政主管部门或者其委托的建设工程质量监督机构裁决；

⑥ 工程竣工验收合格后，建设单位应当及时提出签署工程竣工验收报告，由参加竣工验收的各单位代表签名，并加盖竣工验收各单位的公章（表7-4）。

表 7-4　　　　　　　　　　　　　　　工程竣工验收报告

| 工程概况 | 工程名称 | | 建筑面积 | |
|---|---|---|---|---|
| | 工程地址 | | 结构类型 | |
| | 层数 | 地上＿＿＿层 | 总高 | |
| | | 地下＿＿＿层 | | |
| | 电梯／台 | | 自动扶梯／台 | |
| | 开工日期 | | 竣工验收日期 | |
| | 建设单位 | | 施工单位 | |
| | 勘察单位 | | 监理单位 | |
| | 设计单位 | | 质量监督单位 | |
| | 工程完成设计与合同所约定内容情况 | | | |
| 验收组织形式 | | | | |

续表

| | 专业 | | | |
|---|---|---|---|---|
| 验收组组成情况 | 建筑工程 | | | |
| | 采暖卫生与燃气工程 | | | |
| | 建筑电气安装工程 | | | |
| | 通风与空调工程 | | | |
| | 电梯安装工程 | | | |
| | 工程竣工资料审查 | | | |
| 竣工验收程序 | | | | |
| 工程竣工验收意见 | 建设单位执行基本建设程序情况： | | | |
| | 对工程勘察、设计、监理等方面的评价： | | | |

| | | |
|---|---|---|
| 项目负责人 | 建设单位 | （公章） |
| | ××××年××月××日 | |
| 勘察负责人 | 勘察单位 | （公章） |
| | ××××年××月××日 | |
| 设计负责人 | 设计单位 | （公章） |
| | ××××年××月××日 | |
| 项目经理 企业技术负责人 | 施工单位 | （公章） |
| | ××××年××月××日 | |
| 总监理工程师 | 监理单位 | （公章） |
| | ××××年××月××日 | |

工程质量综合验收附件：

1. 勘察单位对工程勘察文件的质量检查报告；

2. 设计单位对工程设计文件的质量检查报告；

3. 施工单位对工程施工质量的检查报告；

4. 监理单位对工程质量的评估报告；

5. 地基与勘察、主体结构分部工程以及单位工程质量验收记录；

6. 工程有关质量检测和功能性试验资料；

7. 建设行政主管部门质量监督机构责令整改问题的整改结果；

8. 验收人员签署的竣工验收原始文件；

9. 竣工验收遗留问题的处理结果；

10. 施工单位签署的工程质量保修书；

11. 法律、规章规定必须提供的其他文件。

（5）办理工程移交手续  工程通过竣工验收，承包人应在发包人对竣工验收报告签认后的规定期限内向发包人递交竣工结算和完整的结算资料，在此基础上承发包双方根据合同约定的有关条款进行工程竣工结算，承包人在收到工程竣工结算款后，应在规定期限内向发包人办理工程移交手续，具体内容如下：

1）按竣工项目一览表在现场移交工程实体；

2）按竣工资料目录交接工程竣工资料；

3）按工程质量保修制度签署工程质量保证书；

4）承包人在规定时间内按要求撤出施工现场、解除施工现场全部管理责任；

5）工程交接的其他事宜。

（6）竣工决算  竣工决算是建设工程经济效益的全面反映，是项目法人核定各类新增资产价值，办理其交付使用的依据。通过竣工决算，一方面能够正确反映建设工程的实际造价和投资结果；另一方面可以考核投资控制的工作成效，总结经验教训，积累技术经济方面的基础资料，提高未来建设工程的投资效益。

工程竣工决算是指在工程竣工验收交付使用阶段，由建设单位编制的建设项目从筹建到竣工验收、交付使用全过程中实际支付的全部建设费用。

## 二、项目管理考核与评价

### 1. 考核评价的依据和方式

项目考核评价的主体应是派出项目经理的单位。项目考核评价的对象是项目经理部，其中突出对项目经理的管理工作进行考核评价。

（1）项目管理考核评价的依据，应是项目经理与承包人签订的项目管理目标责任书，内容应包括完成工程施工合同、经济效益、回收工程款、执行承包人各项管理制度、各种资料归档等情况，以及项目管理目标责任书中其他要求内容

的完成情况。

（2）项目管理考核评价的方式指工期超过两年以上的大型项目，可以实行年度考核；为了加强过程控制，避免考核期过长，应当在年度考核之中加入阶段考核，阶段的划分可以按用网络计划表示的工程进度计划的关键节点进行，也可以同时按自然时间划分阶段进行季度、年度考核；工程竣工验收后应预留一段时间完成整理资料、疏散人员、退还机械、清理场地、结清账单等工作，然后再对项目管理进行全面的终结性考核。

项目终结性考核的内容应包括确认阶段性考核的结果，确认项目管理的最终结果，确认该项目经理部是否具备"解体"的条件等工作。

> ★ 小知识
> **项目管理的评价**
>
> 项目执行结果与各个方面的管理能力和水平密切相关，评价者要对在项目周期中各个层次的管理进行分析评价。项目管理的评价包括以下几个方面：
>
> 1）投资者的表现；
> 2）借款人的表现；
> 3）项目执行机构的表现；
> 4）外部因素的分析。

### 2. 考核评价的指标

（1）考核评价的定量指标

1）工程质量指标，应按《建筑工程施工质量验收统一标准》和《建筑工程施工质量验收规范》的具体要求和规定，进行项目的检查验收，根据验收情况评定分数。

2）工程成本指标，通常用成本降低额和成本降低率来表示。成本降低额是指工程实际成本比工程预算成本降低的绝对数额，是一个绝对评价指标；成本降低率是指工程成本降低额与工程预算成本的相对比率，是一个相对评价指标。这

里的预算成本是指项目经理与承包人签订的责任成本。用成本降低率能够直观地反映成本降低的幅度，准确反映项目管理的实际效果。

3）工期指标，通常用实际工期与提前工期率来表示。实际工期是指工程项目从开工至竣工验收交付使用所经历的日历天数；工期提前量是指实际工期比合同工期提前的绝对天数，工期提前率是工期提前量与合同工期的比率。

4）安全指标，工程项目的安全问题是工程项目实施过程中的第一要务，在许多承包单位对工程项目效果的考核要求中，都有安全一票否决的内容。按照建设部颁发的《建筑施工安全检查标准》将工程安全标准分为优良、合格、不合格三个等级。具体等级是由评分计算的方式确定，评分涉及安全管理、文明工地、脚手架、基坑支护与模板工程、"三宝""四口"防护、施工用电、物料提升机与外用电梯、塔吊、起重机吊装、施工机具等项目。具体方法可按《建筑施工安全检查标准》执行。

（2）考核评价的定性指标 定性指标反映了项目管理的全面水平，虽然没有定量，但却应该比定量指标占有较大权数，且必须有可靠的数据，有合理可行的办法并形成分数值，以便用数据说话，主要包括下列内容。

1）执行企业各项制度的情况表现在通过对项目经理部贯彻落实企业政策、制度、规定等方面的调查，评价项目经理部是否能够及时、准确、严格、持续地执行企业制度，是否有成效，能否做到令行禁止、积极配合。

2）项目管理资料的收集、整理情况表现在项目管理资料是反映项目管理实施过程的基础性文件，通过考核项目管理资料的收集、整理情况，可以直观地看出工程项目管理日常工作的规范程度和完善程度。

3）思想工作方法与效果表现在项目经理部是建筑企业基层的一级组织，而且是临时性机构，它随项目的开工而组建，又因项目的完成而解体。工程项目在建设过程中，涉及的人员较多、事务复杂。要想在项目经理部开展思想政治工作，既有很大难度又显得非常重要。此项指标主要考察思想政治工作是否有成效，是否适应和促进企业领导体制建设，是否提高了职工素质。

4）发包人及用户的评价表现在让用户满意是市场经济体制下企业经营的基本理念，也是企业在市场竞争中取胜的根本保证。项目管理实施效果的最终评定人是发包人和用户，发包人及用户的评价是最有说服力的。发包人及用户对产品满意就是项目管理成功的表现。

5）在项目管理中应用的新技术、新材料、新设备、新工艺的情况表现在项目管理活动中，积极主动地应用新材料、新技术、新设备、新工艺是推动建筑业发展的基础，是每一个项目管理者的基本职责。

6）在项目管理中采用现代化管理方法和手段表现在新的管理方法与手段的应用可以极大地提高管理的效率，是否采用现代化管理方法和手段是检验管理水平高低的尺度。随着社会的发展、科技的进步，管理的方法和手段也日新月异，如果不能在项目管理中紧跟科技发展的步伐，将会成为科技社会的淘汰者。

7）环境保护表现在工程项目实施的过程中要消耗一定的资源，同时会产生许多的建筑垃圾，产生扰人的建筑噪声。项目管理人员应提高环保意识、制定与落实有效的环保措施，减少甚至杜绝环境破坏和环境污染的发生，提高环境保护的效果。

★补充要点

**要进行科学的考核**

考核目标多种多样，这要根据公司的实际工作性质情况来做出考核内容，并且要在一定的时间范围内适当调整考核内容，使之达到科学考核，这样对企业对员工才是最好的选择。不能一味地用一种方式进行考核，可能在不同的时期，用相同的考核制度，会出现抵制现象，这是企业所不愿意看到的。

## 第二节 回访与保修

装饰工程质量保修是指装饰工程项目在办理竣工验收手续后，在规定的保修期限内，因勘察、设计、施工、材料等原因造成的质量缺陷，应当由施工承包单位负责维修、返工或更换，由责任单位负责赔偿损失。这里质量缺陷是指工程不符合国家或行业现行的有关技术标准、设计文件以及合同中对质量的要求等。

回访是一种产品售后服务的方式。工程项目回访广义来讲是指工程项目的设计、施工、设备及材料供应等单位，在工程交付竣工验收后，自签署工程质量保修书开始，在一定期限内，主动去了解项目的使用情况和设计质量、施工质量、设备运行状态及用户对维修方面的要求，从而发现产品使用中的问题并及时地去处理，使建筑产品能够正常地发挥其使用功能，使建筑工程的质量保修工作真正地落实到实处。

### 一、装饰产品保修范围与保修期
#### 1. 保修范围
建筑装饰工程的各个部位都应该实行保修，包括建筑装饰装修以及配套的电气管线、上下水管线的安装工程等项目。
#### 2. 保修期
保修期的长短，直接关系到承包人、发包人及使用人的经济责任大小。规范规定：建筑装饰

工程保修期为自竣工验收合格之日起计算，在正常使用条件下的最低保修期限。《建筑工程质量管理条例》规定，在正常使用条件下与建筑装饰相关的建设工程最低保修期限为：

（1）有防水要求的卫生间、房间和外墙面的防渗漏，为5年；

（2）电器管线、给水排水管道、设备安装和装修工程，为2年；

（3）其他项目的保修期限由发包方与承包方在工程质量保修书中具体约定。

## 二、保修期责任与做法
### 1. 保修期的经济责任
（1）属于承包人的原因 由于承包人未严格按照国家现行施工及验收规范、工程质量验收标准、设计文件要求和合同约定组织施工，造成的工程质量缺陷，所产生的工程质量保修，应当由承包人负责修理并承担经济责任。

（2）属于设计人的原因 由于设计原因造成的质量缺陷，应由设计人承担经济责任。当由承包人进行修理时，其费用数额可按合同约定，通过发包人向设计人索赔，不足部分由发包人补偿。

（3）属于发包人的原因 由于发包人供应的建筑材料、构配件或设备不合格造成的工程质量缺陷；或由发包人指定的分包人造成的质量缺陷，均应由发包人自行承担经济责任。

（4）属于使用人的原因 由于使用人未经许可自行改建造成的质量缺陷，或由于使用人使用不当造成的损坏，均应由使用人自行承担经济责任。

（5）其他原因 由于地震、洪水、台风等不可抗力原因造成的损坏或非施工原因造成的事故，不属于规定的保修范围，承包人不承担经济责任。负责维修的经济责任由国家根据具体政策规定。

### 2. 保修做法

保修做法一般包括以下步骤。

（1）发送保修书　在工程竣工验收的同时，施工单位应向建设单位发送房屋建筑工程质量保修书。工程质量保修书在工程竣工资料的范围之内，它是承包人对工程质量保修的承诺，内容主要包括：保修范围和内容、保修时间、保修责任、保修费用等。具体格式见建设部与国家工商行政管理局 2000 年 8 月联合发布的《房屋建筑工程质量保修书》（示范文本）。

（2）填写工程质量修理通知书　在保修期内，工程项目出现质量问题影响使用，使用人应填写工程质量修理通知书告知承包人，注明质量问题及部位、联系维修方式，要求承包人派人前往检查修理。修理通知书发出日期为约定起始日期，承包人应在 7 天内派出人员执行保修任务。工程质量修理通知书的格式见表 7-5。

表 7-5　　　　　　　　　　　　　　　　　　　工程质量修理通知书参考模版

| （施工单位名称）： |
| --- |
| 　　　本工程于×××× 年 ×× 月 ×× 日发生质量问题，根据国家有关工程质量保修规定和《工程质量保修书》约定，请你单位派人检查修理为盼。 |
| 质量问题及部位：<br><br>　　　　　　　　　　　　　　　　　　　　　　　　　　　　　　　　×××× 年 ×× 月 ×× 日 |
| 承修人自检评定：<br><br>　　　　　　　　　　　　　　　　　　　　　　　　　　　　　　　　×××× 年 ×× 月 ×× 日 |
| 使用人（用户）验收意见：<br><br>　　　　　　　　　　　　　　　　　　　　　　　　　　　　　　　　×××× 年 ×× 月 ×× 日 |
| 使用人（用户）地址：<br>电话：<br>联系人：<br>　　　　　　　　　　　　　　　　　　　　　　通知书发出日期：×××× 年 ×× 月 ×× 日 |

（3）实施保修服务　承包人接到工程质量修理通知书后，必须尽快派人前往检查，并会同有关单位和人员共同做出鉴定，提出修理方案，明确经济责任，组织人力、物力进行修理、履行工程质量保修的承诺。

（4）验收　承包人将发生的质量问题处理完毕后，要在保修证书的保修记录栏内做好记录，并经建设单位验收签认，以表示修理工作完结。涉及结构安全问题的应当报当地建设行政主管部门备案。涉及经济责任为其他人的，应尽快办理。

★小知识

**与客户接触要亲切**

以信为媒，架设沟通桥梁。

在与客户接触之前，应该把材料发送到客户那里投石问路。这个材料，可以是电子邮件，可以是信函，也可以是其他的一些产品说明。建议先写封信给客户，当你再打电话时，对客户而言，你已不再是个完全的陌生人。

表7-6为《房屋建筑工程质量保修书（参考模版）》。

表7-6 **房屋建筑工程质量保修书参考模版**

发包人（全称）：_____

承包人（全称）：_____

发包人、承包人根据《中华人民共和国建筑法》、《建设工程质量管理条例》和《房屋建筑工程质量保修方法》，经协商一致，对_____（工程全称）签订工程质量保修书。

一、工程质量保修范围和内容

承包人在质量保修期内，按照有关法律、法规、规章的管理规定和双方约定，承担本工程质量保修责任。

质量保修范围包括地基基础工程、主体结构工程、屋面防水工程、有防水要求的卫生间、房间和外墙面的防渗漏、供热与供冷系统，电器管线、给排水管道、设备安装和装修工程，以及双方约定的其他项目。具体保修的内容，双方的约定如下：

_____

_____

二、质量保修期

双方根据《建设工程质量管理条例》及有关规定，约定本工程的质量保修期如下：

1. 地基基础工程和主体结构工程为设计文件规定的该工程合理使用年限；

2. 屋面防水工程、有防水要求的卫生间、房间和外墙面的防渗漏为 ___ 年；

3. 装修工程为 ___ 年；

4. 电气管线、给排水管道、设备安装工程为 ___ 年；

5. 供热与供冷系统为 ___ 个采暖期、供冷期；

6. 住宅小区内的给排水设施，道路等配套工程为 ___ 年；

7. 其他项目保修期限约定如下：

_____

质量保修期限自工程竣工验收合格之日起计算。

三、质量保修责任

1. 属于保修范围、内容的项目，承包人应当在接到保修通知之日起 7 天内派人保修。承包人不在约定期限内派人保修的，发包人可以委托他人修理。

2. 发生紧急抢修事故的，承包人在接到事故通知后，应当立即到达事故现场抢修。

3. 对于涉及结构安全的质量问题，应当按照房屋建筑工程质量保修办法的规定，立即向当地建设行政主管部门报告，采取安全防范措施；由原设计单位或者具有相应资质等级的设计单位提出保修方案，承包人实施保修。

4. 质量保修完成后，由发包人组织验收。

四、保修费用

保修费用由造成质量缺陷的责任方承担。

五、其他

双方约定的其他工程质量保修事项：_____

_____

本工程质量保修书，由施工合同发包人、承包人双方在竣工验收前共同签署，作为施工合同附件，其有效期限至保修期满。

发包人（公章）                                    承包人（公章）

法定代表人（签字）                                法定代表人（签字）

　　　　年　　月　　日                            　　　　年　　月　　日

### 三、回访工作

#### 1. 回访工作计划

工程交工验收后，承包人应该将回访工作纳入企业日常工作之中，及时编制回访工作计划，做到有计划、有组织、有步骤地对每项已交付使用的工程项目主动进行回访，收集反馈信息，及时处理保修问题。回访工作计划要具体实用，不能流于形式。回访工作计划的一般表式见表7-7。

表7-7　　　　　　　　　　回访工作计划（××××年度）表格规范

| 序号 | 建设单位 | 工程名称 | 保修期限 | 回访时间安排 | 参加回访部门 | 执行单位 |
|---|---|---|---|---|---|---|
| 1 | | | | | | |
| 2 | | | | | | |
| 3 | | | | | | |
| ... | | | | | | |

单位负责人：　　　　　　　　归口部门：　　　　　　　　编制人：

#### 2. 回访工作记录

每一次回访工作结束以后，回访保修的执行单位都应填写回访工作记录。回访工作记录主要内容包括：参与回访人员；回访发现的质量问题；发包人或使用人的意见；对质量问题的处理意见等。在全部回访工作结束后，应编写回访服务报告，全面总结回访工作的经验和教训。

回访服务报告的内容应包括：回访建设单位和工程项目的概况；使用单位或用户对交工工程的意见；对回访工作的分析和总结；提出质量改进的措施对策等。回访主管部门应依据回访记录对回访服务的实施效果进行检查验证。回访工作记录的一般表式见表7-8。

表7-8　　　　　　　　　　回访工作记录表格参考模版

| 建设单位 | | 使用单位 | |
|---|---|---|---|
| 工程名称 | | 建筑面积 | |
| 施工单位 | | 保修期限 | |
| 项目组织 | | 回访日期 | |
| 回访工作情况： | | | |
| 回访负责人 | | 回访记录人 | |

#### 3. 回访的工作方式

（1）例行性回访　根据回访年度工作计划的安排，对已交付竣工验收并在保修期内的工程，统一组织例行性回访，收集用户对工程质量的意见。回访可用电话询问、召开座谈会以及登门拜访等行之有效的方式，一般半年或一年进行一次。

（2）季节性回访　主要是针对随季节变化容易产生质量问题的工程部位进行回访，所以这种回访具有季节性特点，如雨季回访基础工程、屋面工程和墙面工程的防水和渗漏情况，冬季回访采暖系统的使用情况，夏季回访通风空调工程等。了解有无施工质量缺陷或使用不当造成的损坏等问题，发现问题立即采取有效措施，及时加以解决。

（3）技术性回访　主要了解在工程施工过程中所采用的新材料、新技术、新工艺、新设备等的技术性能和使用后的效果，以及设备安装后的技术状态，从用户那里获取使用后的第一手资料，发现问题及时补救和解决，这样也便于总结经验和教训，为进一步完善和推广创造条件。

（4）特殊性回访　主要是对一些特殊工程、重点工程或有影响的工程进行专访，由于工程的特殊性，可将服务工作往前延伸，包括交工前的访问和交工后的回访，可以定期也可以不定期进行，目的是要听取发包人或使用人的合理化意见或建议，即时解决出现的质量问题，不断特殊工程施工及管理经验。

---

### ★补充要点

#### 收尾工作要
#### 专人负责、强调计划

因为收尾工作的复杂和千头万绪，收尾必须指定专人负责。此人直接对项目经理层负责，辅以各个部门中，项目工作时间较长，熟悉情况者，组成一个精干的移交、验收、资料归档小组，具体实施以移交验收和竣工归档为主的收尾工作。

收尾要特别强调计划。这个计划应该由负责收尾的人根据工程实际情况，结合合同条款拟定初稿，然后经由项目经理主持，各部门（尤其是合同、技术和施工部门）的会审，确定后下发，严格执行。为保证计划的执行，最好要有一个例会制度，各方定期审查进度，及时解决存在的问题。

---

## 第三节　实例分析：工程竣工验收

### 一、工程介绍

该工程是一厂房装饰施工，在装饰施工中做到了形式美观大方、造型新颖；功能构造牢固、经久耐用；技术精工制作、技术领先；价格低廉、经济实惠。从而使该工程的竣工验收极具教学意义。下面我们就来介绍一下该工厂竣工验收的环节。

### 二、工厂竣工实地验收（图7-5、图7-6）

（a）

（b）

图7-5　工厂施工前

（a）

（b）

图 7-6　工厂施工竣工

## 三、竣工验收文件

××××公司 ××××装修工程

竣工验收通知书

××××工程技术公司：

你好！我公司从××××年××月××日开工以来，在贵公司大力支持下，经两个多月的精心施工，工期进展顺利，于××××年××月××日如期完工。

现恭请贵公司在×日内组织相关人员对工程进行验收，并提出宝贵意见，谢谢合作！

此致

敬礼

××××装饰设计工程有限公司

××××年××月××日

表 7-9　　　　　　　　　　　　　　　　检验质量验收表

| 单位（子单位）工程名称 | | ××××工程技术公司 ××××厂房装修工程 | | |
|---|---|---|---|---|
| 验收部位 | | 一层厂房；二、三层办公楼；弱电安防；增补工程 | | |
| 建设单位 | | ××××公司 | | |
| 施工单位 | | ××××装饰设计工程有限公司 | 项目经理 | |
| 施工执行标准名称及编号 | | 合同附件《建筑装饰装修工程施工工艺标准》 | | |
| 施工质量验收规范的规定 | | | 施工单位检查评定记录 | 监理（建设）单位验收记录 |
| 主控项目 | 1 | 一层厂房装修工程 | 合格 | |
| | 2 | 二、三层办公楼装修工程 | 合格 | |
| | 3 | 弱电安防装修工程 | 合格 | |
| | 4 | 增补装修工程 | 合格 | |
| 施工单位检查评定结果 | | 专业工长（施工员） | 施工班组长 | |
| | | 我方严格按预算表，设计方案与甲方要求施工，严格控制工程质量，工程质量符合合同附件《建筑装饰装修工程施工工艺标准》，并如期交付使用，整体工程符合验收要求。<br><br><br>项目经理：<br><br>副总经理（公章）：　　　　　　　　　　　　　　　年　　月　　日 | | |
| 建设单位验收结论 | | 建设负责人（公章）：　　　　　　　　　　　　　年　　月　　日 | | |

★ **课后练习**

1. 讲述竣工验收必须满足的条件。

2. 描述竣工验收的准备工作。

3. 介绍竣工资料的内容。

4. 介绍竣工图的编制有哪些具体要求。

5. 讲述竣工验收组织的构成和职责。

6. 讲述竣工验收的依据。

7. 介绍竣工验收的管理程序。

8. 介绍竣工验收的方式。

9. 介绍项目管理考核、评价的具体指标。

10. 讲述项目管理考核评价的依据。

11. 描述在一般情况下，建筑装饰工程的最低保修期限有哪些规定。

12. 简述工程项目保修的经济责任。

13. 简述回访工作的方式。

# 第八章　工程结算与决算

**学习难度：** ★★★☆☆
**重点概念：** 工程结算、工程决算

## 章节导读

　　工程结算指的是施工企业按照承包合同和已完成的工程量向建设单位（业主）办理工程价清算的经济文件。工程结算是工程项目承包中的一项十分重要的工作。全名为工程价款的结算，指的是施工单位与建设单位之间根据双方签订合同（含补充协议）进行的工程合同价款结算。

　　工程决算是指在工程竣工验收交付使用阶段，由建设单位编制的建设项目从筹建到竣工验收、交付使用全过程中实际支付的全部建设费用。竣工决算是整个建设工程的最终价格，是作为建设单位财务部门汇总固定资产的主要依据（图8-1）。本章将重点讲解竣工决算与结算的内容，并举例说明。

图 8-1　依据图纸等进行竣工决算

## 第一节　工　程　结　算

### 一、概述

　　工程结算也被称为工程竣工结算，是指单位工程竣工后，施工单位根据施工实施过程中实际发生的变更情况，对原施工图预算工程造价或工程承包价进行调整、修正、重新确定工程造价的经济文件。

　　虽然承包商与业主签订了工程承包合同，按合同支付工程价款，但是，施工过程中往往会发生地质条件的变化、设计变更、业主新的要求、施工情况发生变化等情况。这些变化通过工程索赔已确认，那么，工程竣工后就要在原承包合同价的基础上进行调整，重新确定工程造价。这一过程就是编制工程结算的主要过程。

## 二、工程结算的内容

工程结算一般包括下列内容：

### 1. 封面

内容包括：工程名称、建设单位、建筑面积、结构类型、结算造价、编制日期等，并设有施工单位、审查单位以及编制人、复核人、审核人的签字盖章的位置。

### 2. 编制说明

内容包括：编制依据、结算范围、变更内容、双方协商处理的事项及其他必须说明的问题。

### 3. 工程结算直接费计算表

内容包括：定额编号、分项工程名称、单位、工程量、定额基价、合价、人工费、机械费等。

### 4. 工程结算费用计算表

内容包括：费用名称、费用计算基础、费率、计算式、费用金额等。

### 5. 附表

内容包括：工程量增减计算表、材料价差计算表、补充基价分析表等。

## 三、工程结算编制依据

编制工程结算除了应具备全套竣工图纸、预算定额、材料价格、人工单价、取费标准外，还应具备以下资料：

（1）工程施工合同；

（2）施工图预算书；

（3）设计变更通知单；

（4）施工技术核定单；

（5）隐蔽工程验收单；

（6）材料代用核定单；

（7）分包工程结算书；

（8）经业主、监理工程师同意确认的应列入工程结算的其他事项。

## 四、工程结算的编制程序和方法

单位工程竣工结算的编制，是在施工图预算的基础上，根据业主和监理工程师确认的设计变更资料、修改后的竣工图、其他有关工程索赔资料，先进行直接费的增减调整计算，再按取费标准计算各项费用，最后汇总为工程结算造价（图8-2）。

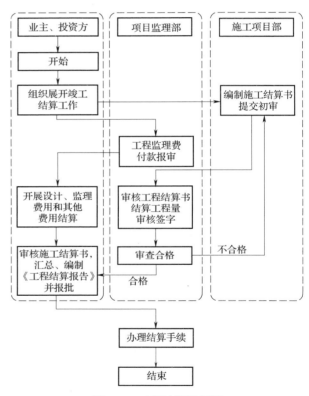

图 8-2　工程结算流程图

编制程序和方法概述为：

（1）收集、整理、熟悉有关原始资料；

（2）深入现场、对照观察竣工工程；

（3）认真检查复核有关原始资料；

（4）计算调整工程量；

（5）套定额基价，计算调整直接费；

（6）计算结算造价。

### 五、工程结算方式

#### 1. 工程价款的主要结算方式

（1）按月结算 按月结算是实行旬末或月中预支，月终结算，竣工后清算的方法。跨年度竣工的工程，在年终进行工程盘点，办理年度结算。我国现行建筑安装工程价款结算中，相当一部分是实行这种按月结算。

（2）竣工后一次结算 建设项目或单项工程全部建筑安装工建设期在 12 个月以内，或者工程承包合同价值在 100 万元以下的，可以实行工程价款每月月中预支，竣工后一次结算。

（3）分段结算 即当年开工，当年不能竣工的单项工程或单位工程按照工程形象进度，划分不同阶段进行结算。分段结算可以按月预支工程款。分段的划分标准，由各部门、自治区、直辖市、计划单列市规定。

（4）目标结款 即在工程合同中，将承包工程的内容分解成不同的控制界面，以业主验收控制界面作为支付工程价款的前提条件。也就是说，将合同中的工程内容分解成不同的验收单元，当承包商完成单元工程内容并经业主（或其委托人）验收后，业主支付构成单元工程内容的工程价款。

#### 2. 工程预付款的支付

按照我国有关规定，实行工程预付款的，双方应当在专用条款内约定发包方向承包方预付工程款的时间和数额，开工后按约定的时间和比例逐次扣回。预付时间应不迟于约定的开工日期前 7 天。发包方不按约定预付，承包方在约定预付时间 7 天后向发包方发出要求预付的通知，发包方在收到通知后仍不能按要求预付，承包方可在发出通知后 7 天停止施工，发包方应从约定应付之日起向承包方支付应付款的贷款利息，并承担违约责任。

工程预付款仅用于承包方支付施工开始时与本工程有关的动员费用。如承包方滥用此款，发包方有权力收回。在承包方向发包方提交金额等于预付款数额（发包方认可的银行开出）的银行保函后，发包方按规定的金额和规定的时间向承包方支付预付款，在发包方全部扣回预付款之前，该银行保函将一直有效。当预付款被发包方扣回时，银行保函金额相应递减。

#### 3. 工程竣工结算的支付

竣工结算是指一个单位工程或单项工程完工，经业主及工程质量监督部门验收合格，在交付使用前由施工单位根据合同价格和实际发生的增加或减少费用的变化等情况进行编制，并经业主或其委托方签认的，以表达该项工程最终造价为主要内容，作为结算工程价款依据的经济文件。

竣工结算也是建设项目建筑安装工程中的一项重要经济活动。正确、合理、及时地办理竣工结算，对于贯彻国家的方针、政策、财经制度，加强建设资金管理，合理确定、筹措和控制建设资金，高速优质完成建设任务，具有十分重要的意义。

（1）工程竣工结算的程序 工程竣工结算指的是施工企业按照合同规定的内容全部完成所承包的工程，经验收质量合格，并符合合同要求之后，向发包单位进行的最终价款结算。

在《建设工程施工合同》（示范文本）中对竣工结算作了详细规定：

1）工程竣工验收报告经发包方认可后 28 天内，承包方向发包方递交竣工结算报告及完整的结算资料，双方按照协议书约定的合同价款及专用条款约定的合同价款调整内容，进行工程竣工结算。

2）发包方在收到承包方递交的竣工结算报告及结算资料后 28 天内进行核实，给予确认或者提出修改意见。发包方确认竣工结算报告后通知经办银行向承包方支付工程竣工结算价款。承包方收到竣工结算价款后 14 天内将竣工工程交付发包方。

3）发包方在收到竣工结算报告及结算资料后 28 天内无正当理由不支付工程竣工结算价款，从第 29 天起按承包方同期向银行贷款利率支付拖欠工程价款的利息，并承担违约责任。

4）发包方在收到竣工结算报告及结算资料后 28 天内不支付工程竣工结算价款，承包方可以催告发包方支付结算价款。发包方在收到竣工结算报告及结算资料后 56 天内仍不支付的，承包方可以与发包方协议将该工程折价，也可以由承包方申请人民法院将该工程依法拍卖，承包方就该工程折价或者拍卖的价款优先受偿。

5）工程竣工验收报告经发包方认可后 28 天内，承包方未能向发包方递交竣工结算报告及完整的结算资料，造成工程竣工结算不能正常进行或工程竣工结算价款不能及时支付，发包方要求交付工程的，承包方应当交付；发包方不要求交付工程的，承包方承担保管责任。

6）发包方和承包方对工程竣工结算价款发生争议时，按争议的约定处理。

在实际工作中，当年开工、当年竣工的工程，只需办理一次性结算。跨年度的工程，在年终办理一次年终结算，将未完工程结转到下一年度，此时竣工结算等于各年度结算的总和。

办理工程价款竣工结算的一般公式为：

竣工结算工程价款 = 预算（或概算）或合同价款 + 施工过程中预算或合同价款调整数额 - 预付及已结算工程价款 - 保修金

（2）工程竣工结算的审查　竣工结算要有严格的审查，一般从以下几个方面入手：

1）核对合同条款。

① 应该核对竣工工程内容是否符合合同条件要求，工程是否竣工验收合格，只有按合同要求完成全部工程并验收合格才能竣工结算；

② 应按合同规定的结算方法、计价定额、取费标准、主材价格和优惠条款等，对工程竣工结算进行审核，若发现合同开口或有漏洞，应请建设单位与施工单位认真研究，明确结算要求。

2）检查隐蔽验收记录。所有隐蔽工程均需进行验收，两人以上签证；实行工程监理的项目应经监理工程师签证确认。审核竣工结算时应核对隐蔽工程施工记录和验收签证，手续完整，工程量与竣工图一致方可列入结算。

3）落实设计变更签证。设计修改变更应有原设计单位出具设计变更通知单和修改的设计图纸、校审人员签字并加盖公章，经建设单位和监理工程师审查同意、签证；重大设计变更应经原审批部门审批，否则不应列入结算。

4）按图核实工程数量。竣工结算的工程量应依据竣工图、设计变更单和现场签证等进行核算，并按国家统一规定的计算规则计算工程量。

5）执行定额单价。结算单价应按合同约定或招标规定的计价定额与计价原则执行。

6）防止各种计算误差。工程竣工结算子目多、篇幅大，往往有计算误差，应认真核算，防止因计算误差多计或少算。

---

**★补充要点**

### 工程结算的意义

工程结算是工程项目承包中的一项十分重要的工作，主要表现为以下几方面：

1. 工程结算是反映工程进度的主要指标

在施工过程中，工程结算的依据之一就是按照已完的工程进行结算，根据累计已结算的工程价款占合同总价款的比例，能够近似反映出工程的进度情况。

2. 工程结算是加速资金周转的重要环节

施工单位尽快尽早地结算工程款，有利于偿还债务，有利于资金回笼，降低内部运营成本。通过加速资金周转，提高资金的使用效率。

3. 工程结算是考核经济效益的重要指标

对于施工单位来说，只有工程款如数地结清，才意味着避免了经营风险，施工单位也才能够获得相应的利润，进而达到良好的经济效益。

## 第二节 工 程 决 算

### 一、竣工决算的概念与作用

竣工决算是建设工程经济效益的全面反映，是项目法人核定各类新增资产价值、办理其交付使用的依据。通过竣工决算，一方面能够正确反映建设工程的实际造价和投资结果；另一方面可以通过竣工决算与概算、预算的对比分析，考核投资控制的工作成效，总结经验教训，积累技术经济方面的基础资料，提高未来建设工程的投资效益。

竣工决算的作用主要有以下几项。

**1. 竣工决算是综合、全面地反映竣工项目建设成果及财务情况的总结性文件**

它采用货币指标、实物数量、建设工期和种种技术经济指标综合、全面地反映建设项目自开始建设到竣工为止的全部建设成果和财物状况。

**2. 竣工决算是办理交付使用资产的依据，也是竣工验收报告的重要组成部分**

建设单位与使用单位在办理交付资产的验收交接手续时，通过竣工决算反映了交付使用资产的全部价值，包括固定资产、流动资产、无形资产和递延资产的价值。同时，它还详细提供了交付使用资产的名称、规格、数量、型号和价值等明细资料，是使用单位确定各项新增资产价值并登记入账的依据。

**3. 竣工决算是分析和检查设计概算的执行情况，考核投资效果的依据**

竣工决算反映了竣工项目计划、实际的建设规模、建设工期以及设计和实际的生产能力，反映了概算总投资和实际的建设成本，同时还反映了所达到的主要技术经济指标。通过对这些指标计划数、概算数与实际数进行对比分析，不仅可以全面掌握建设项目计划和概算执行情况，而且可以考核建设项目投资效果，为今后制订基建计划，降低建设成本，提高投资效果提供必要的资料。

### 二、竣工决算的内容

竣工决算是建设工程从筹建到竣工投产全过程中发生的所有实际支出，包括设备工器具购置费、建筑安装工程费和其他费用等。竣工决算由竣工财务决算报表、竣工财务决算说明书、竣工工程平面示意图、工程造价比较分析四部分组成。其中竣工财务决算报表和竣工财务决算说明书属于竣工财务决算的内容。竣工财务决算是竣工决算的组成部分，是正确核定新增资产价值、反映竣工项目建设成果的文件，是办理固定资产交付使用手续的依据。

**1. 竣工财务决算说明书**

竣工财务决算说明书主要反映竣工工程建设成果和经验，是对竣工决算报表进行分析和补充说明的文件，是全面考核分析工程投资与造价的书面总结。

竣工财务决算说明书内容主要包括：

（1）建设项目概况，对工程总的评价 一般从进度、质量、安全和造价、施工方面进行分析说明。进度方面主要说明开工和竣工时间，对照合理工期和要求工期分析是提前还是延期；质量方面主要根据竣工验收委员会或一级质量监督部门的验收评定等级、合格率和优良品率；安全方面主要根据劳动工资和施工部门的记录，对有无设备和人身事故进行说明；造价方面主要对照概算造价，说明节约还是超支，用金额和百分率进行分析说明。

（2）资金来源及运用等财务分析 主要包括工程价款结算、会计账务的处理、财产物资情况及债权债务的清偿情况。

（3）基本建设收入、投资包干结余、竣工结余资金的上交分配情况 通过对基本建设投资包干情况的分析，说明投资包干数、实际支用数和节约额、投资包干节余的有机构成和包干节余的分配情况。

（4）各项经济技术指标的分析　概算执行情况分析，根据实际投资完成额与概算进行对比分析；新增生产能力的效益分析，说明支付使用财产占总投资额的比例、占支付使用财产的比例，不增加固定资产的造价占投资总额的比例，分析有机构成和成果。

（5）工程建设的经验及项目管理和财务管理工作以及竣工财务决算中有待解决的问题。

（6）需要说明的其他事项。

## ★补充要点
### 预算、结算、决算的区别

1. 预算、结算、决算定义

（1）预算是设计单位或施工单位根据施工图纸、按照现行工程定额预算价格编制的工程建设项目从筹建到竣工验收所需的全部建设费用。

（2）结算是施工单位根据竣工图纸，按现行工程定额实际价格编制的工程建设项目从开工到竣工验收所需的全部建设费用。它是反映施工企业经营管理状况，搞好经济核算的基础。

（3）决算是建设单位根据决算编制要求，工程建设项目从筹建到交付使用所需的全部建设费用。它是反映工程建设项目实际造价和投资效果的文件。

2. 预算、结算、决算区别

（1）编制人不同：

施工图预算是由设计单位或施工单位编制的；

工程竣工结算是由施工单位编制的；

工程决算是由建设单位编制的。

（2）编制依据不同：

施工图预算是根据施工图纸，技术资料，预算定额及费用定额，国家及地方法规，并按规定程序及统一计算规则编制的；

工程竣工结算是根据竣工图纸，技术资料，企业定额及费用定额编制的；

工程决算是根据竣工资料、建设项目决算要求编制的。

（3）编制内容不同：

施工图预算是确定工程预算造价的一种工程文件；

工程竣工结算是确定工程本身实际造价的一种工程文件；

工程决算是确定工程总造价（财务决算）的一种工程文件。

### 2. 竣工财务决算报表

建设项目竣工财务决算报表要根据大、中型建设项目和小型建设项目分别制定。大、中型建设项目竣工决算报表包括：建设项目竣工财务决算审批表，大、中型建设项目概况表，大、中型建设项目竣工财务决算表，大、中型建设项目交付使用资产总表；小型建设项目竣工财务决算报表包括：建设项目竣工财务决算审批表，竣工财务决算总表，建设项目交付使用资产明细。

### 3. 竣工工程平面示意图

建设工程竣工工程平面示意图是真实地记录各种地上、地下建筑物、构筑物等情况的技术文件，是工程进行交工验收、维护改建和扩建的依据，是国家的重要技术档案（图8-3）。

国家规定：各项新建、扩建、改建的基本建设工程，特别是基础、地下建筑、管线、结构、井巷、桥梁、隧道、港口、水坝以及设备安装等隐蔽部位，都要编制竣工图。为确保竣工图质量，

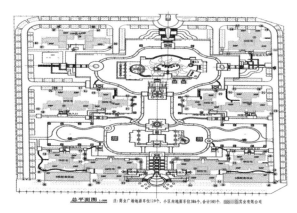

图 8-3 竣工工程平面示意图

必须在施工过程中（不能在竣工后）及时做好隐蔽工程检查记录，整理好设计变更文件。具体要求有：

（1）凡按图竣工没有变动的，由施工单位（包括总包和分包施工单位，不同）在原施工图上加盖"竣工图"标志后，即作为竣工图。

（2）凡在施工过程中，虽有一般性设计变更，但能将原施工图加以修改补充作为竣工图的，可不重新绘制，由施工单位负责在原施工图（必须是新蓝图）上注明修改的部分，并附以设计变更通知单和施工说明，加盖"竣工图"标志后，作为竣工图。

（3）凡是结构形式改变、施工工艺改变、平面布置改变、项目改变以及有其他重大改变，不宜再在原施工图上修改、补充时，应重新绘制改变后的竣工图。由原设计原因造成的，由设计单位负责重新绘制；由施工原因造成的，由施工单位负责重新绘图；由其他原因造成的，由建设单位自行绘制或委托设计单位绘制。施工单位负责在新图上加盖"竣工图"标志，并附以有关记录和说明，作为竣工图。

（4）为了满足竣工验收和竣工决算需要，还应绘制反映竣工工程全部内容的工程设计平面示意图。

### 4．工程造价比较分析
对控制工程造价所采取的措施、效果以及其动态的变化进行认真的比较对比，并总结经验教训。批准的预算是考核建设工程造价的依据。当我们在分析时，可以先对比整个项目的总预算，然后将建筑安装工程费用、设备器具费和其他工程费用逐一与竣工决算表中所提供的实际数据和相关资料以及批准的预算、预算指标、实际的工程造价进行对比分析，以此来确定竣工项目总造价是节约还是超支，并在此基础上，有所收获。

在实际工作中，应该主要分析以下内容：

（1）主要实物工程量　即对于实物工程量出入比较大的情况必须查明原因。

（2）主要材料消耗量　考核主要材料消耗量，要按照竣工决算表中所列明的三大材料实际超出预算的消耗量，查明是在工程的哪个环节超出量最大，并再一步查明超耗的原因。

（3）考核建设单位管理费、建筑及安装工程措施费和间接费的取费标准　建设单位管理费、建筑及安装工程措施费和间接费的取费标准要按照国家和各地的有关规定，根据竣工决算报表中所列的建设单位管理费和概预算所列的建设单位管理费数额进行比较，依据规定查明是否多列或者少列的费用项目，确定其节约超支的数额，并查明原因。

### 三、竣工决算的编制
#### 1．竣工决算的编制依据
（1）经批准的可行性研究报告及其投资估算。

（2）经批准的初步设计或扩大初步设计及其概算或修正概算。

（3）经批准的施工图设计及其施工图预算。

（4）设计交底或图纸会审纪要。

（5）招投标的标底、承包合同、工程结算资料。

（6）施工记录或施工签证单，以及其他施工中发生的费用记录，如索赔报告与记录、停

（交）工报告等。

（7）竣工图及各种竣工验收资料。

（8）历年基建资料、历年财务决算及批复文件。

（9）设备、材料调价文件和调价记录。

（10）有关财务核算制度、办法和其他有关资料、文件等。

★**补充要点**

**竣工财务决算表应注意的问题：**

1. 资金来源中的资本金与资本公积金的区别

资本金是项目投资者按照规定，筹集并投入项目的非负债资金，竣工后形成该项目（企业）在工商行政管理部分登记的注册资金；资本公积金是指投资者对该项目实际投入的资金超过其应投入的资本金的差额，项目竣工后这部分资金形成项目（企业）的资本公积金。

2. 项目资本金与借入资金的区别

如前所述，资本金是非负债资金，属于项目的自有资金；而借入资金，无论是基建借款、投资借款，还是发行债券等，都属于项目的负债资金。这是两者根本性的区别。

3. 资金占用中的交付使用资产与库存器材的区别

交付使用资产是指项目竣工后，交付使用的各项新增资产的价值；而库存器材是指没有用在项目建设过程中的、剩余的工器具及材料等，属于项目的节余，不形成新增资产。

**2. 竣工决算的编制步骤**

按照财政部印发的《基本建设财务管理若干规定》的通知要求，竣工决算的编制步骤如下：

（1）收集、整理、分析原始资料。从建设工程开始就按编制依据的要求，收集、清点、整理有关资料，主要包括建设工程档案资料，如：设计文件、施工记录、上级批文、概（预）算文件、工程结算的归集整理，财务处理、财产物资的盘点核实及债权债务的清偿，做到到账、账实、账表相符。对各种设备、材料、工具、器具等要逐项盘点核实并填列清单，妥善保管，或按照国家有关规定处理，不准任意侵占和挪用。

（2）对照、核实工程变动情况，重新核实各单位工程、单项工程造价。将竣工资料与原设计图纸进行查对、核实，必要时可实地测量，确认实际变更情况；根据经审定的施工单位竣工结算等原始资料，按照有关规定对原概（预）算进行增减调整，重新核定工程造价。

（3）将审定后的待定投资、设备器具投资、建筑安装工程投资、工程建设其他投资严格划分和核定后，分别计入相应的建设成本栏目内。

（4）编制竣工财务决算说明书，力求内容全面、简明扼要、文字流畅、说明问题。

（5）填报竣工财务决算报表。

（6）作好工程造价对比分析。

（7）清理、装订好竣工图。

（8）按国家规定上报、审批、存档。

★**补充要点**

**工程结算与竣工决算的联系和区别**

工程结算是由施工单位编制的，一般以单位工程为对象；竣工决算是由建设单位编制的，一般以一个建设项目或单项工程为对象。

工程结算如实反映了单位工程竣工后的工程造价；竣工决算综合反映了竣工项目的建设成果和财务情况。

竣工决算由若干个工程结算和费用概算汇总而成。

（4）工程造价比较分析。

## 第三节 实例分析：住宅装修工程决算

### 一、工程介绍

此次作为案例的是某住宅的工程决算，该住宅占地面积约96m²，装修风格为现代简约风格，依据业主的要求，在基础工程的基础上增添了窗套，此次工程是全包，选购主材时业主全程一起，由于是住宅空间，所以作为储物的空间会比较多。目前设计有主卧、次卧等，后期可能会增添儿童房。

### 二、明确该工程决算编制依据

依据规定需：
（1）竣工财务决算说明书；
（2）竣工财务决算报表；
（3）竣工工程平面示意图；

### 三、决算编制步骤

#### 1. 收集原始资料并分析

（1）在工程开始动工之前，首先需要了解该住宅毛坯房的相关尺寸，确定其建筑面积，并记录，方便后期工程决算（图8-4、图8-5）。

（2）和业主方洽谈后确定整体工程是全包还是半包，确定其主体装修风格，确定主材的品牌，列出初步的预算（表8-1）。

图8-4 住宅毛坯房

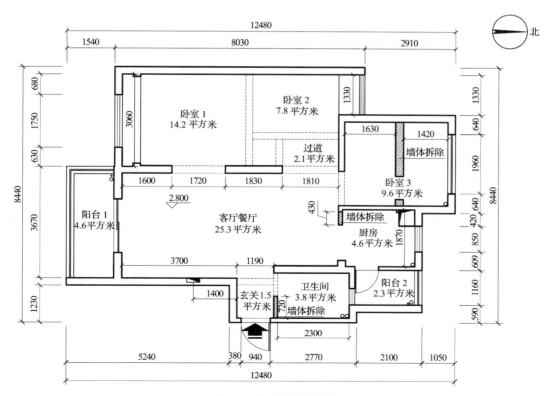

图8-5 住宅原始平面图

表 8-1                               住宅初步工程预算

| 序号 | 项目名称 | 单位 | 数量 | 单价/元 | 合计/元 | 材料工艺及说明 |
|---|---|---|---|---|---|---|
| 一、基础工程 | | | | | | |
| 1 | 墙体拆除 | m² | 10.80 | 60 | 648.00 | 卧室3、厨房、卫生间拆墙,渣土装袋,人工、主材、辅料,全包 |
| 2 | 强弱电箱迁移 | 项 | 2.00 | 150 | 300.00 | 将现在所处于客厅沙发背面的强电箱与弱电箱全部迁移到门厅墙面,人工、主材、辅料,全包 |
| 3 | 门框、窗框找平修补 | 项 | 1.00 | 600 | 600.00 | 全房门套以及窗套的基层修饰、改造、修补、复原,人工、主材、辅料,全包 |
| 4 | 卫生间回填 | m² | 3.60 | 70 | 252.00 | 轻质砖渣回填,华新牌水泥砂浆找平,深320mm,人工、主材、辅料,全包 |
| 5 | 窗台阳台护栏拆除 | m | 4.40 | 35 | 154.00 | 卧室1、卧室2窗台阳台护栏拆除,华新牌水泥砂浆界面修补,人工、主材、辅料,全包 |
| 6 | 落水管包管套 | 根 | 4.00 | 160 | 640.00 | 成品水泥板包管套,卫生间与厨房,人工、主材、辅料,全包 |
| 7 | 施工耗材 | 项 | 1.00 | 1000 | 1000.00 | 电动工具损耗折旧,耗材更换,钻头、砂纸、打磨片、切割片、脚手架梯、墨线盒、操作台、编织袋、泥桶、水桶水箱、扫帚、铁锹、劳保用品等,人工、主材、辅料,全包 |
| | 合计 | | | | 3594.00 | |
| 二、水电隐蔽工程 | | | | | | |
| 1 | 给水管铺设 | m | 37.00 | 52 | 1924.00 | 金牛牌PPR管给水管,墙地面开槽,安装、固定、封槽,人工、主材、辅料,全包 |
| 2 | 排水管铺设 | m | 6.00 | 76 | 456.00 | 联塑牌PVC排水管,墙地面开槽,安装、固定、封槽,人工、主材、辅料,全包 |
| 3 | 强电铺设 | m | 263.00 | 30 | 7890.00 | "武汉第二电线电缆厂"飞鹤牌BVR铜线,照明线路1.5mm²,插座线路2.5mm²,空调线路4mm²,暗盒,穿线管,对现有电路进行改造,人工、主材、辅料,全包 |
| 4 | 弱电铺设 | m | 20.00 | 45 | 900.00 | "武汉第二电线电缆厂"飞鹤牌电视线、网线,暗盒,人工、主材、辅料,全包 |
| 5 | 灯具安装 | 项 | 1.00 | 600 | 600.00 | 全房灯具安装,放线定位,固定配件,修补,人工、主材、辅料,全包 |
| 6 | 洁具安装 | 项 | 1.00 | 600 | 600.00 | 全房洁具安装,放线定位,固定配件,修补,人工、主材、辅料,全包 |
| 7 | 设备安装 | 项 | 1.00 | 600 | 600.00 | 全房五金件、辅助设备安装,放线定位,固定配件,修补,人工、主材、辅料,全包 |
| | 合计 | | | | 12970.00 | |
| 三、客厅餐厅走道工程 | | | | | | |
| 1 | 石膏板吊顶 | m² | 2.90 | 130 | 377.00 | 木龙骨木芯板基层框架,泰山牌纸面石膏板覆面,人工、主材、辅料,全包 |
| 2 | 顶面基层处理 | m² | 28.50 | 22 | 627.00 | 顶面缝隙修补,法拉基牌抗裂带修补,石膏粉修补,优力邦牌成品腻子满刮2遍,360#砂纸打磨,人工、主材、辅料,全包 |

续表

| 序号 | 项目名称 | 单位 | 数量 | 单价/元 | 合计/元 | 材料工艺及说明 |
|---|---|---|---|---|---|---|
| 3 | 顶面乳胶漆（白色） | m² | 28.50 | 10 | 285.00 | 多乐士乳胶漆，白色，滚涂2遍，人工、主材、辅料，全包 |

略

| | 四、其他工程 | | | | | |
|---|---|---|---|---|---|---|
| 1 | 人力搬运费 | 项 | 1.00 | 600 | 600.00 | 材料市场或仓库将材料搬运上车，到小区指定停车位搬运下车，搬运到施工现场，全包 |
| 2 | 汽车运输费 | 项 | 1.00 | 600 | 600.00 | 从材料市场或仓库将材料运输至小区指定停车位，全包 |
| 3 | 垃圾清运费 | 项 | 1.00 | 600 | 600.00 | 将装修产生的建筑垃圾装袋打包，清运至物业指定位置，全包 |
| 4 | 开荒保洁费 | m² | 1.00 | 500 | 500.00 | 全房开荒保洁，家具、门窗、卫生间、墙地面，全包 |
| | 合计 | | | | 2300.00 | |

略

| | 五、工程结算价 | | | | 96600.00 | |
|---|---|---|---|---|---|---|

**2. 确定设计稿，确定工程是否有变动**

（1）与业主方沟通好设计图纸，确认是否有增减项，假若有增减项，应在预算中备注标明（图8-6、表8-2）。

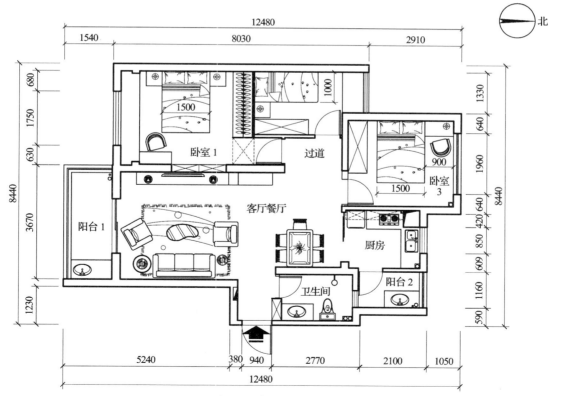

图8-6 住宅平面布置图

表 8-2 在预算中标明增减项

| 序号 | 项目名称 | 单位 | 数量 | 单价/元 | 合计/元 | 材料工艺及说明 |
|---|---|---|---|---|---|---|
| 一、基础工程 | | | | | | |
| 1 | 墙体拆除 | m² | 10.80 | 60 | 648.00 | 卧室 3、厨房、卫生间拆墙，渣土装袋，人工、主材、辅料，全包 |
| 2 | 强弱电箱迁移 | 项 | 2.00 | 150 | 300.00 | 将现在所处于客厅沙发背面的强电箱与弱电箱全部迁移到门厅墙面，人工、主材、辅料，全包 |
| 3 | 门框、窗框找平修补 | 项 | 1.00 | 600 | 600.00 | 全房门套以及窗套的基层修饰、改造、修补、复原，人工、主材、辅料，全包 |
| 4 | 卫生间回填 | m² | 3.60 | 70 | 252.00 | 轻质砖渣回填，华新牌水泥砂浆找平，深 320mm，人工、主材、辅料，全包 |
| 5 | 窗台阳台护栏拆除 | m | 4.40 | 35 | 154.00 | 卧室 1、卧室 2 窗台阳台护栏拆除，华新牌水泥砂浆界面修补，人工、主材、辅料，全包 |
| 6 | 落水管包管套 | 根 | 4.00 | 160 | 640.00 | 成品水泥板包管套，卫生间与厨房，人工、主材、辅料，全包 |
| 7 | 施工耗材 | 项 | 1.00 | 1000 | 1000.00 | 电动工具损耗折旧，耗材更换，钻头、砂纸、打磨片、切割片、脚手架梯、墨线盒、操作台、编织袋、泥桶、水桶水箱、扫帚、铁锹、劳保用品等，人工、主材、辅料，全包 |
| | 合计 | | | | 3594.00 | |

略

| 序号 | | | | | | |
|---|---|---|---|---|---|---|
| 二、工程补充说明 | | | | | | |
| 1 | 此报价不含物业管理与行政管理所收任何费用，物业管理与行政管理收费用由甲方承担 | | | | | |
| 2 | 施工中的项目和数量如有增加或减少，则按实际施工项目和数量结算工程款 | | | | | |
| 3 | 全房质保 2 年，防水质保 5 年，质量保修期间属于材料与施工质量问题，我公司免费维修，凡厂家提供保修的产品均有正规发票 | | | | | |
| 4 | 本公司全部工程所标明品牌的产品为关键产品，选用经久耐用正宗产品，未标明品牌的材料一般为非关键产品，随机选购，客户可以重新指认品牌并修改预算 | | | | | |
| 三、减少项目 | | | | | | |
| 1 | 强弱电箱迁移 | 项 | 2.00 | 150 | 300.00 | 由于承重墙原因，现不能迁移 |
| 2 | 部分灯具自购 | 项 | 1.00 | 1100 | 1100.00 | 餐厅 1 件 500 元，卧室 1、卧室 2、卧室 3 各 1 件，共 600 元 |
| | 合计 | | | | 1400.00 | |
| 四、增加项目 | | | | | | |
| 1 | 阳台 12 阳台铺装墙面砖 | m² | 33.60 | 160 | 5376.00 | 华新牌水泥砂浆铺贴，牛元牌填缝剂，金舵、大蜜蜂、格莱美瓷砖与阳角线，人工、主材、辅料，全包 |

续表

| 序号 | 项目名称 | 单位 | 数量 | 单价/元 | 合计/元 | 材料工艺及说明 |
|---|---|---|---|---|---|---|
| 2 | 阳台 12 立柱台盆与龙头 | 套 | 2.00 | 350 | 700.00 | 立柱台盆、龙头、三角阀、软管，人工、主材、辅料，全包 |
| 3 | 阳台 1 拖把池与龙头 | 套 | 1.00 | 150 | 150.00 | 拖把池、龙头，人工、主材、辅料，全包 |
| 4 | 阳台 1 排水管 | m | 4.50 | 76 | 342.00 | 联塑牌 PVC 排水管，墙地面开槽，安装、固定、封槽，人工、主材、辅料，全包 |
| 5 | 阳台 2 通气管 | m | 3.00 | 76 | 228.00 | 联塑牌 PVC 排水管，墙顶面开槽，安装、固定、封槽，人工、主材、辅料，全包 |
| 6 | 阳台 2 搁板 | m | 2.30 | 120 | 276.00 | 福汉牌 E1 生态板制作，人工、主材、辅料，全包 |
| 7 | 厨房卫生间阳台铝合金挂架挂件 | 套 | 1.00 | 500 | 500.00 | 各类太空铝挂架挂件，人工、主材、辅料，全包 |
| 8 | 南北两个阳台封闭铝合金窗 | m² | 10.40 | 320 | 3328.00 | 凤铝牌 789 双层钢化玻璃 5mm+9mm+5mm，物业指定褐色 |
| 9 | 阳台玻璃开孔 | 个 | 2.00 | 50 | 100.00 | 玻璃专业开孔 |
| 10 | 卧室 1 卧室 2 厨房纱窗 | 套 | 3.00 | 150 | 450.00 | 铝合金纱窗，物业指定白色 |
| 11 | 卧室 1 开门窗台柜 | m² | 1.00 | 660 | 660.00 | 福汉牌 E1 生态板制作，含液压铰链、拉手，开门，人工、主材、辅料，全包 |
| 12 | 卧室 1 窗台搁板 | m² | 1.80 | 120 | 216.00 | 福汉牌 E1 生态板制作，人工、主材、辅料，全包 |
| 13 | 卧室 2 无门窗台柜 | m² | 0.40 | 580 | 232.00 | 福汉牌 E1 生态板制作，人工、主材、辅料，全包 |
| 14 | 卧室 3 开门上衣柜 | m² | 2.50 | 660 | 1650.00 | 福汉牌 E1 生态板制作，含液压铰链、拉手，开门，人工、主材、辅料，全包 |
| 15 | 卧室 3 无门下衣柜 | m² | 3.60 | 580 | 2088.00 | 福汉牌 E1 生态板制作，含西门欧派牌三节弹子抽屉滑轨，含 3 个抽屉，挂铝合金衣杆人工、主材、辅料，全包 |
| 16 | 卧室 3 衣柜推拉门 | m² | 3.60 | 320 | 1152.00 | 中德派森牌铝合金边框，中间带腰线装饰，人工、主材、辅料，全包 |

续表

| 序号 | 项目名称 | 单位 | 数量 | 单价/元 | 合计/元 | 材料工艺及说明 |
|---|---|---|---|---|---|---|
| 17 | 阳台1开门储藏柜 | m² | 1.50 | 660 | 990.00 | 福汉牌E1生态板制作，含液压铰链、拉手，开门，人工、主材、辅料，全包 |
| 18 | 客厅灯1件补差价 | 件 | 1.00 | 283 | 283.00 | 原预算价为500元，现价783元，补差价283元 |
| 19 | 餐厅灯泡1件 | 件 | 1.00 | 30 | 30.00 | 宜家采购的餐厅灯具无灯泡，另购灯泡LED 1件 |
| 20 | 卫生间窗户贴玻璃遮挡喷漆 | 件 | 1.00 | 20 | 20.00 | 透光不透形磨砂玻璃喷漆 |
| | 合计 | | | | 18771.00 | |
| 五、工程结算价 | | | | | 102772.00 | |

（2）确定增减项后，在确定业主方、工程监理、设计方均在场的情况下，在合同中注明增减项，作为后期决算的凭证。

**3. 重新编制预算书、复核立面尺寸**

（1）初步立面设计图纸确定后，设计方需要到业主方的房屋内再次复核尺寸，确保衣柜、书柜等尺寸不会出现差错，保证决算的准确性。

（2）复核尺寸之后，依据实际需要，对预算书进行修改。

**4. 编制竣工财务决算说明书**

在该住宅工程竣工后，依据设计图纸与实际需要编制竣工财务决算说明书，对工程进行补充说明。

**5. 填报竣工决算报表**

在上一步的基础上再次对工程进行审核，补充遗漏项，并列出竣工决算工程报表（表8-3）。

表8-3　　　　　　　　　　　　　　竣工决算报表

| 序号 | 项目名称 | 单位 | 数量 | 单价/元 | 合计/元 | 材料工艺及说明 |
|---|---|---|---|---|---|---|
| 一、基础工程 | | | | | | |
| 1 | 墙体拆除 | m² | 10.90 | 60 | 654.00 | 卧室3、厨房、卫生间拆墙，渣土装袋，人工、主材、辅料，全包 |
| 2 | 强弱电箱迁移 | 项 | 2.00 | 150 | 300.00 | 将现在所处于客厅沙发背面的强电箱与弱电箱全部迁移到门厅墙面，人工、主材、辅料，全包 |
| 3 | 门框、窗框找平修补 | 项 | 1.00 | 600 | 600.00 | 全房门套以及窗套的基层修饰、改造、修补、复原，人工、主材、辅料，全包 |
| 4 | 卫生间回填 | m² | 3.80 | 70 | 266.00 | 轻质砖渣回填，华新牌水泥砂浆找平，深320mm，人工、主材、辅料，全包 |
| 5 | 窗台阳台护栏拆除 | m | 4.40 | 35 | 154.00 | 卧室1、卧室2窗台阳台护栏拆除，华新牌水泥砂浆界面修补，人工、主材、辅料，全包 |

续表

| 序号 | 项目名称 | 单位 | 数量 | 单价/元 | 合计/元 | 材料工艺及说明 |
|---|---|---|---|---|---|---|
| 6 | 落水管包管套 | 根 | 4.00 | 160 | 640.00 | 成品水泥板包管套，卫生间与厨房，人工、主材、辅料，全包 |
| 7 | 施工耗材 | 项 | 1.00 | 1000 | 1000.00 | 电动工具损耗折旧，耗材更换，钻头、砂纸、打磨片、切割片、脚手架梯、墨线盒、操作台、编织袋、泥桶、水桶水箱、扫帚、铁锹、劳保用品等，人工、主材、辅料，全包 |
| | 合计 | | | | 3614.00 | |

二、水电隐蔽工程

| 序号 | 项目名称 | 单位 | 数量 | 单价/元 | 合计/元 | 材料工艺及说明 |
|---|---|---|---|---|---|---|
| 1 | 给水管铺设 | m | 39.00 | 52 | 2028.00 | 金牛牌PPR管给水管，墙地面开槽，安装、固定、封槽，人工、主材、辅料，全包 |
| 2 | 排水管铺设 | m | 6.00 | 76 | 456.00 | 联塑牌PVC排水管，墙地面开槽，安装、固定、封槽，人工、主材、辅料，全包 |
| 3 | 强电铺设 | m | 265.00 | 30 | 7950.00 | "武汉第二电线电缆厂"飞鹤牌BVR铜线，照明线路1.5mm$^2$，插座线路2.5mm$^2$，空调线路4mm$^2$，暗盒，穿线管，对现有电路进行改造，人工、主材、辅料，全包 |
| 4 | 弱电铺设 | m | 22.00 | 45 | 990.00 | "武汉第二电线电缆厂"飞鹤牌电视线、网线，暗盒，人工、主材、辅料，全包 |
| 5 | 灯具安装 | 项 | 1.00 | 600 | 600.00 | 全房灯具安装，放线定位，固定配件，修补，人工、主材、辅料，全包 |
| 6 | 洁具安装 | 项 | 1.00 | 600 | 600.00 | 全房洁具安装，放线定位，固定配件，修补，人工、主材、辅料，全包 |
| 7 | 设备安装 | 项 | 1.00 | 600 | 600.00 | 全房五金件、辅助设备安装，放线定位，固定配件，修补，人工、主材、辅料，全包 |
| | 合计 | | | | 13224.00 | |

三、客厅餐厅走道工程

| 序号 | 项目名称 | 单位 | 数量 | 单价/元 | 合计/元 | 材料工艺及说明 |
|---|---|---|---|---|---|---|
| 1 | 石膏板吊顶 | m$^2$ | 3.00 | 130 | 390.00 | 木龙骨木芯板基层框架，泰山牌纸面石膏板覆面，人工、主材、辅料，全包 |
| 2 | 顶面基层处理 | m$^2$ | 28.90 | 22 | 635.80 | 顶面缝隙修补，法拉基牌抗裂带修补，石膏粉修补，优力邦牌成品腻子满刮2遍，360#砂纸打磨，人工、主材、辅料，全包 |
| 3 | 顶面乳胶漆（白色） | m$^2$ | 28.90 | 10 | 289.00 | 多乐士乳胶漆，白色，滚涂2遍，人工、主材、辅料，全包 |
| 4 | 墙面基层处理 | m$^2$ | 70.80 | 22 | 1557.60 | 墙面缝隙修补，法拉基牌抗裂带修补，石膏粉修补，优力邦牌成品腻子满刮2遍，360#砂纸打磨，人工、主材、辅料，全包 |
| 5 | 墙面乳胶漆（白色） | m$^2$ | 70.80 | 10 | 708.00 | 多乐士乳胶漆，白色，滚涂2遍，人工、主材、辅料，全包 |

续表

| 序号 | 项目名称 | 单位 | 数量 | 单价/元 | 合计/元 | 材料工艺及说明 |
|---|---|---|---|---|---|---|
| 6 | 客厅电视背景墙封板 | m² | 14.60 | 130 | 1898.00 | 泰山牌纸面石膏板覆面，装饰造型，含壁纸铺装等，人工、主材、辅料，全包 |
| 7 | 客厅电视隔板台 | m | 4.80 | 220 | 1056.00 | 福汉牌E1生态板制作，金属支架固定，人工、主材、辅料，全包 |
| 8 | 客厅沙发后墙隔板 | m | 3.60 | 120 | 432.00 | 福汉牌E1生态板制作，人工、主材、辅料，全包 |
| 9 | 门厅鞋柜（高2.4m） | m² | 1.70 | 720 | 1224.00 | 福汉牌E1生态板制作，背后铺贴瓷砖加固，含液压铰链、拉手、开门，人工、主材、辅料，全包 |
| 10 | 入户大门单面包门套 | m | 5.00 | 135 | 675.00 | 中德派森牌成品门套，人工、主材、辅料，全包 |
| 11 | 阳台大门单面包门套 | m | 5.90 | 135 | 796.50 | 中德派森牌成品门套，人工、主材、辅料，全包 |
| 12 | 地面铺装复合木地板 | m² | 31.10 | 95 | 2954.50 | 美凯龙牌地板，12mm厚，含防潮垫踢脚线，人工、主材、辅料，全包 |
| | 合计 | | | | 12616.40 | |

四、厨房工程

| 序号 | 项目名称 | 单位 | 数量 | 单价/元 | 合计/元 | 材料工艺及说明 |
|---|---|---|---|---|---|---|
| 1 | 铝合金扣板吊顶 | m² | 4.60 | 135 | 621.00 | 欧陆牌铝合金扣板吊顶，人工、主材、辅料，全包 |
| 2 | 地面局部防水处理 | m² | 3.00 | 80 | 240.00 | 911聚氨酯防水涂料3遍，华泰K11防水涂料涂刷3遍，房屋医生防水剂2遍，人工、主材、辅料，全包 |
| 3 | 墙面铺贴瓷砖300×600 | m² | 18.10 | 160 | 2896.00 | 华新牌水泥砂浆铺贴，牛元牌填缝剂，金舵、大蜜蜂、格莱美瓷砖与阳角线，人工、主材、辅料，全包 |
| 4 | 地面铺贴瓷砖300×300 | m² | 4.60 | 160 | 736.00 | 华新牌水泥砂浆铺贴，牛元牌填缝剂，金舵、大蜜蜂、格莱美瓷砖与阳角线，人工、主材、辅料，全包 |
| 5 | 厨房上部开门橱柜（深300） | m² | 1.30 | 560 | 728.00 | 福汉牌E1生态板制作，含液压铰链、开门，人工、主材、辅料，全包 |
| 6 | 厨房下部开门橱柜（深550） | m² | 2.00 | 660 | 1320.00 | 福汉牌E1生态板制作，含液压铰链、开门，人工、主材、辅料，全包 |

续表

| 序号 | 项目名称 | 单位 | 数量 | 单价/元 | 合计/元 | 材料工艺及说明 |
|---|---|---|---|---|---|---|
| 7 | 推拉门单面包门套 | m | 5.80 | 135 | 783.00 | 中德派森牌成品门套，人工、主材、辅料，全包 |
| 8 | 厨房推拉门 | m² | 3.20 | 320 | 1024.00 | 中德派森牌铝合金边框，镶嵌玻璃，人工、主材、辅料，全包 |
| 9 | 橱柜台面铺装人造石 | m | 2.50 | 280 | 700.00 | 白色石英砂人造石，人工、主材、辅料，全包 |
| | 合计 | | | | 9048.00 | |

五、阳台1工程

| 序号 | 项目名称 | 单位 | 数量 | 单价/元 | 合计/元 | 材料工艺及说明 |
|---|---|---|---|---|---|---|
| 1 | 顶面乳胶漆（白色） | m² | 4.60 | 10 | 46.00 | 多乐士牌乳胶漆，白色，滚涂2遍，人工、主材、辅料，全包 |
| 2 | 地面局部防水处理 | m² | 2.00 | 80 | 160.00 | 911聚氨酯防水涂料3遍，华泰牌K11防水涂料涂刷3遍，房屋医生防水剂2遍，人工、主材、辅料，全包 |
| 3 | 地面铺贴瓷砖300×300 | m² | 4.60 | 160 | 736.00 | 华新牌水泥砂浆铺贴，牛元牌填缝剂，金舵、大蜜蜂、格莱美瓷砖与阳角线，人工、主材、辅料，全包 |
| | 合计 | | | | 942.00 | |

六、阳台2工程

| 序号 | 项目名称 | 单位 | 数量 | 单价/元 | 合计/元 | 材料工艺及说明 |
|---|---|---|---|---|---|---|
| 1 | 顶面乳胶漆（白色） | m² | 2.30 | 10 | 23.00 | 多乐士牌乳胶漆，白色，滚涂2遍，人工、主材、辅料全包 |
| 2 | 地面局部防水处理 | m² | 2.00 | 80 | 160.00 | 911聚氨酯防水涂料3遍，华泰牌K11防水涂料涂刷3遍，房屋医生防水剂2遍，人工、主材、辅料，全包 |
| 3 | 地面铺贴瓷砖300×300 | m² | 2.30 | 160 | 368.00 | 华新牌水泥砂浆铺贴，牛元牌填缝剂，金舵、大蜜蜂、格莱美瓷砖与阳角线，人工、主材、辅料，全包 |
| | 合计 | | | | 551.00 | |

七、卫生间工程

| 序号 | 项目名称 | 单位 | 数量 | 单价/元 | 合计/元 | 材料工艺及说明 |
|---|---|---|---|---|---|---|
| 1 | 铝合金扣板吊顶 | m² | 3.80 | 135 | 513.00 | 欧陆牌铝合金扣板吊顶，人工、主材、辅料，全包 |
| 2 | 墙地面防水处理 | m² | 13.60 | 80 | 1088.00 | 地面与局部墙面，淋浴区高度至2m，洗面台区高度至1.2m，其他区域高度至0.3m，911聚氨酯防水涂料2遍，华泰牌K11防水涂料涂刷3遍，房屋医生防水剂2遍，人工、主材、辅料，全包 |
| 3 | 墙面铺贴瓷砖300×600 | m² | 18.90 | 160 | 3024.00 | 华新牌水泥砂浆铺贴，牛元牌填缝剂，金舵牌、大蜜蜂牌、格莱美牌瓷砖与阳角线，人工、主材、辅料，全包 |

续表

| 序号 | 项目名称 | 单位 | 数量 | 单价/元 | 合计/元 | 材料工艺及说明 |
|---|---|---|---|---|---|---|
| 4 | 地面铺贴瓷砖 300×300 | m² | 3.80 | 160 | 608.00 | 华新牌水泥砂浆铺贴，牛元牌填缝剂，金舵牌、大蜜蜂牌、格莱美牌瓷砖与阳角线，人工、主材、辅料，全包 |
| 5 | 卫生间铝合金门 | 套 | 1.00 | 450 | 450.00 | 中德派森牌成品门，铝合金边框，中间镶嵌玻璃，人工、主材、辅料，全包 |
| | 合计 | | | | 5683.00 | |

**八、卧室1工程**

| 序号 | 项目名称 | 单位 | 数量 | 单价/元 | 合计/元 | 材料工艺及说明 |
|---|---|---|---|---|---|---|
| 1 | 石膏板吊顶 | m² | 1.00 | 130 | 130.00 | 木龙骨木芯板基层框架，泰山牌纸面石膏板覆面，装饰造型，人工、主材、辅料，全包 |
| 2 | 顶面基层处理 | m² | 14.20 | 22 | 312.40 | 顶面缝隙修补，法拉基牌抗裂带修补，石膏粉修补，优力邦牌成品腻子满刮2遍，360#砂纸打磨，人工、主材、辅料，全包 |
| 3 | 顶面乳胶漆（白色） | m² | 14.20 | 10 | 142.00 | 多乐士牌乳胶漆，白色，滚涂2遍，人工、主材、辅料，全包 |
| 4 | 墙面基层处理 | m² | 35.50 | 22 | 781.00 | 墙面缝隙修补，法拉基牌抗裂带修补，石膏粉修补，优力邦牌成品腻子满刮2遍，360#砂纸打磨，人工、主材、辅料，全包 |
| 5 | 墙面乳胶漆（白色） | m² | 35.50 | 10 | 355.00 | 多乐士乳胶漆，白色，滚涂2遍，人工、主材、辅料，全包 |
| 6 | 上部开门衣柜（深600） | m² | 2.20 | 660 | 1452.00 | 福汉牌E1生态板制作，含液压铰链、拉手，开门，人工、主材、辅料，全包 |
| 7 | 下部无门衣柜（深600） | m² | 4.60 | 580 | 2668.00 | 福汉牌E1生态板制作，含西门欧派牌三节弹子抽屉滑轨，含3个抽屉，挂铝合金衣杆人工、主材、辅料，全包 |
| 8 | 下部衣柜推拉门 | m² | 4.60 | 320 | 1472.00 | 中德派森牌铝合金边框，中间带腰线装饰，人工、主材、辅料，全包 |
| 9 | 柜后封板隔音墙 | m² | 6.80 | 65 | 442.00 | 隔音棉铺装，泰山牌石膏板封平，防裂带修补，人工、主材、辅料，全包 |
| 10 | 入墙储藏柜（深240） | m² | 4.10 | 500 | 2050.00 | 福汉牌E1生态板制作，无门，背后泰山牌纸面石膏板封平，全包 |
| 11 | 外挑窗台铺装人造石 | m | 3.10 | 280 | 868.00 | 白色石英砂人造石，人工、主材、辅料，全包 |

续表

| 序号 | 项目名称 | 单位 | 数量 | 单价/元 | 合计/元 | 材料工艺及说明 |
|---|---|---|---|---|---|---|
| 12 | 成品套装门 | 套 | 1.00 | 1200 | 1200.00 | 中德派森牌成品门，人工、主材、辅料，全包 |
| 13 | 地面铺装复合木地板 | m² | 15.60 | 95 | 1482.00 | 美凯龙牌地板，12mm厚，含防潮垫踢脚线，人工、主材、辅料，全包 |
| | 合计 | | | | 13354.40 | |

九、卧室2工程

| 序号 | 项目名称 | 单位 | 数量 | 单价/元 | 合计/元 | 材料工艺及说明 |
|---|---|---|---|---|---|---|
| 1 | 顶面基层处理 | m² | 7.80 | 22 | 171.60 | 顶面缝隙修补，法拉基牌抗裂带修补，石膏粉修补，优力邦牌成品腻子满刮2遍，360#砂纸打磨，人工、主材、辅料，全包 |
| 2 | 顶面乳胶漆（白色） | m² | 7.80 | 10 | 78.00 | 多乐士牌乳胶漆，白色，滚涂2遍，人工、主材、辅料，全包 |
| 3 | 墙面基层处理 | m² | 19.50 | 22 | 429.00 | 墙面缝隙修补，法拉基牌抗裂带修补，石膏粉修补，优力邦牌成品腻子满刮2遍，360#砂纸打磨，人工、主材、辅料，全包 |
| 4 | 墙面乳胶漆（白色） | m² | 19.50 | 10 | 195.00 | 多乐士牌乳胶漆，白色，滚涂2遍，人工、主材、辅料，全包 |
| 5 | 轻钢龙骨石膏板隔音墙 | m² | 6.60 | 140 | 924.00 | 75mm轻钢龙骨基层，隔音棉铺装，泰山牌石膏板封平，防裂带修补，人工、主材、辅料，全包 |
| 6 | 外挑窗台铺装人造石 | m | 1.40 | 280 | 392.00 | 白色石英砂人造石，人工、主材、辅料，全包 |
| 7 | 成品套装门 | 套 | 1.00 | 1200 | 1200.00 | 中德派森牌成品门，人工、主材、辅料，全包 |
| 8 | 地面铺装复合木地板 | m² | 8.60 | 95 | 817.00 | 美凯龙牌地板，12mm厚，含防潮垫踢脚线，人工、主材、辅料，全包 |
| | 合计 | | | | 4206.60 | |

十、卧室3工程

| 序号 | 项目名称 | 单位 | 数量 | 单价/元 | 合计/元 | 材料工艺及说明 |
|---|---|---|---|---|---|---|
| 1 | 顶面基层处理 | m² | 9.60 | 22 | 211.20 | 顶面缝隙修补，法拉基牌抗裂带修补，石膏粉修补，优力邦牌成品腻子满刮2遍，360#砂纸打磨，人工、主材、辅料，全包 |
| 2 | 顶面乳胶漆（白色） | m² | 9.60 | 10 | 96.00 | 多乐士牌乳胶漆，白色，滚涂2遍，人工、主材、辅料，全包 |
| 3 | 墙面基层处理 | m² | 24.00 | 22 | 528.00 | 墙面缝隙修补，法拉基牌抗裂带修补，石膏粉修补，优力邦牌成品腻子满刮2遍，360#砂纸打磨，人工、主材、辅料，全包 |

续表

| 序号 | 项目名称 | 单位 | 数量 | 单价/元 | 合计/元 | 材料工艺及说明 |
|------|---------|------|------|---------|---------|---------------|
| 4 | 墙面乳胶漆（白色） | m² | 24.00 | 10 | 240.00 | 多乐士牌乳胶漆，白色，滚涂2遍，人工、主材、辅料，全包 |
| 5 | 彩色铝合金型材封窗户 | m² | 4.50 | 320 | 1440.00 | 凤铝牌789双层钢化玻璃5mm+8mm+5mm，物业指定灰色 |
| 6 | 轻钢龙骨石膏板隔音墙 | m² | 2.00 | 140 | 280.00 | 75mm轻钢龙骨基层，隔音棉铺装，泰山牌石膏板封平，防裂带修补，人工、主材、辅料，全包 |
| 7 | 窗台铺装人造石 | m | 2.10 | 280 | 588.00 | 白色石英砂人造石，人工、主材、辅料，全包 |
| 8 | 成品套装门 | 套 | 1.00 | 1200 | 1200.00 | 中德派森牌成品门，人工、主材、辅料，全包 |
| 9 | 地面铺装复合木地板 | m² | 10.60 | 95 | 1007.00 | 美凯龙牌地板，12mm厚，含防潮垫踢脚线，人工、主材、辅料，全包 |
| | 合计 | | | | 5590.20 | |

十一、其他工程

| 序号 | 项目名称 | 单位 | 数量 | 单价/元 | 合计/元 | 材料工艺及说明 |
|------|---------|------|------|---------|---------|---------------|
| 1 | 人力搬运费 | 项 | 1.00 | 600 | 600.00 | 材料市场或仓库将材料搬运上车，到小区指定停车位搬运下车，搬运至施工现场，全包 |
| 2 | 汽车运输费 | 项 | 1.00 | 600 | 600.00 | 从材料市场或仓库将材料运输至小区指定停车位，全包 |
| 3 | 垃圾清运费 | 项 | 1.00 | 600 | 600.00 | 将装修产生的建筑垃圾装袋打包，清运至物业指定位置，全包 |
| 4 | 开荒保洁费 | m² | 1.00 | 500 | 500.00 | 全房开荒保洁，家具、门窗、卫生间、墙地面，全包 |
| | 合计 | | | | 2300.00 | |
| 十二 | 工程直接费 | | | | 71129.60 | 上述项目之和 |
| 十三 | 工程总造价（全包） | | | | 71129.60 | （工程直接费+设计费+工程管理费+税金） |

十四、客户自购主材设备或代购

| 序号 | 项目名称 | 单位 | 数量 | 单价/元 | 合计/元 | 材料工艺及说明 |
|------|---------|------|------|---------|---------|---------------|
| 1 | 全房灯具 | 项 | 1.00 | 2850 | 2850.00 | 客厅1件500元，餐厅1件500元，卧室1、卧室2、卧室3各1件共600元，筒灯射灯共3件100元，门厅顶灯1件200元，扣板格灯3件共300元，欧普浴霸1件共500元，阳台吸顶灯2件100元，配件50元 |

续表

| 序号 | 项目名称 | 单位 | 数量 | 单价/元 | 合计/元 | 材料工艺及说明 |
|------|----------|------|------|---------|---------|----------------|
| 2 | 全房洁具 | 项 | 1.00 | 4770 | 4770.00 | 恒洁牌坐便器 1 套 1000 元，洗面台 1 套共 1500 元，金牛牌淋浴花洒 1 套共 500 元，金牛牌给水软管 5 根共 100 元，金牛牌混水阀 2 套共 400 元，恒洁牌洗菜水槽 1 套 500 元，九牧牌三角阀 5 件共 120 元，金牛牌水龙头 1 件 30 元，金牛牌总阀门 2 件 70 元，地漏 3 件共 100 元，阳台立柱洗手台盆 250 元，金牛牌混水阀 1 套共 100 元，配件 100 元 |
| 3 | 燃气热水器 | 件 | 1.00 | 2800 | 2800.00 | 林内牌，12L 天然气直排，根据发票与安装配件收据实际结算，厂家负责售后 |
| 4 | 燃气灶与抽油烟机 | 件 | 1.00 | 3500 | 3500.00 | 该产品品牌繁多，价格为参考价，根据发票与安装配件收据实际结算，厂家负责售后 |
| 5 | 天然气管道安装 | 项 | 1.00 | 1000 | 1000.00 | 物业强制指定安装，根据发票与安装配件收据实际结算，厂家或物业负责售后 |
| | 合计 | | | | 14920.00 | |
| 十五 | 工程总承包价 | | | | 86049.60 | |

十六、工程补充说明

| 1 | 此报价不含物业管理与行政管理所收任何费用，物业管理与行政管理收费用由甲方承担 |
|---|---|
| 2 | 施工中项目和数量如有增加或减少，则按实际施工项目和数量结算工程款 |
| 3 | 全房质保 2 年，防水质保 5 年，质量保修期间属于材料与施工质量问题，我公司免费维修，凡厂家提供保修的产品均有正规发票 |
| 4 | 本公司全部工程所标明品牌的产品为关键产品，选用经久耐用正宗产品，未标明品牌的材料一般为非关键产品，随机选购，客户可以重新指认品牌并修改预算 |

十七、减少项目

| 1 | 强弱电箱迁移 | 项 | 2.00 | 150 | 300.00 | 由于承重墙原因，现不能迁移 |
|---|----------|------|------|---------|---------|----------------|
| 2 | 部分灯具自购 | 项 | 1.00 | 1100 | 1100.00 | 餐厅 1 件 500 元，卧室 1 卧室 2 卧室 3 各 1 件共 600 元 |
| | 合计 | | | | 1400.00 | |

十八、增加项目

| 1 | 阳台 12 阳台铺装墙面砖 | m² | 33.60 | 160 | 576.00 | 华新牌水泥砂浆铺贴，牛元牌填缝剂，金舵、大蜜蜂、格莱美瓷砖与阳角线，人工、主材、辅料，全包 |
|---|----------|------|------|---------|---------|----------------|

续表

| 序号 | 项目名称 | 单位 | 数量 | 单价/元 | 合计/元 | 材料工艺及说明 |
|---|---|---|---|---|---|---|
| 2 | 阳台12立柱台盆与龙头 | 套 | 2.00 | 350 | 700.00 | 立柱台盆、龙头、三角阀、软管、人工、主材、辅料，全包 |
| 3 | 阳台1拖把池与龙头 | 套 | 1.00 | 150 | 150.00 | 拖把池、龙头，人工、主材、辅料，全包 |
| 4 | 阳台1排水管 | m | 4.50 | 76 | 342.00 | 联塑牌PVC排水管，墙地面开槽，安装、固定、封槽，人工、主材、辅料，全包 |
| 5 | 阳台2通气管 | m | 3.00 | 76 | 228.00 | 联塑牌PVC排水管，墙顶面开槽，安装、固定、封槽，人工、主材、辅料，全包 |
| 6 | 阳台2搁板 | m | 2.30 | 120 | 276.00 | 福汉牌E1生态板制作，人工、主材、辅料，全包 |
| 7 | 厨房卫生间阳台铝合金挂架挂件 | 套 | 1.00 | 500 | 500.00 | 各类太空铝挂架挂件，人工、主材、辅料，全包 |
| 8 | 南北两个阳台封闭铝合金窗 | m² | 10.40 | 320 | 3328.00 | 凤铝牌789双层钢化玻璃5mm+9mm+5mm，物业指定褐色 |
| 9 | 阳台玻璃开孔 | 个 | 2.00 | 50 | 100.00 | 玻璃专业开孔 |
| 10 | 卧室1、卧室2、厨房纱窗 | 套 | 3.00 | 150 | 450.00 | 铝合金纱窗，物业指定白色 |
| 11 | 卧室1开门窗台柜 | m² | 1.00 | 660 | 660.00 | 福汉牌E1生态板制作，含液压铰链、拉手、开门，人工、主材、辅料，全包 |
| 12 | 卧室1窗台搁板 | m² | 1.80 | 120 | 216.00 | 福汉牌E1生态板制作，人工、主材、辅料，全包 |
| 13 | 卧室2无门窗台柜 | m² | 0.40 | 580 | 232.00 | 福汉牌E1生态板制作，人工、主材、辅料，全包 |
| 14 | 卧室3开门上衣柜 | m² | 2.10 | 660 | 1386.00 | 福汉牌E1生态板制作，含液压铰链、拉手、开门，人工、主材、辅料，全包 |
| 15 | 卧室3无门下衣柜 | m² | 3.60 | 580 | 2088.00 | 福汉牌E1生态板制作，含西门欧派牌三节弹子抽屉滑轨，含3个抽屉，挂铝合金衣杆人工、主材、辅料，全包 |

续表

| 序号 | 项目名称 | 单位 | 数量 | 单价/元 | 合计/元 | 材料工艺及说明 |
|---|---|---|---|---|---|---|
| 16 | 卧室3 衣柜推拉门 | m² | 3.60 | 320 | 1152.00 | 中德派森牌铝合金边框,中间带腰线装饰,人工、主材、辅料,全包 |
| 17 | 阳台1 开门储藏柜 | m² | 1.40 | 660 | 924.00 | 福汉牌E1生态板制作,含液压铰链、拉手,开门,人工、主材、辅料,全包 |
| 18 | 客厅灯1件 补差价 | 件 | 1.00 | 283 | 283.00 | 原预算价为500元,现价783元,补差价283元 |
| 19 | 餐厅灯泡 1件 | 件 | 1.00 | 30 | 30.00 | 宜家采购的餐厅灯具无灯泡,另购LED灯泡1件 |
| 20 | 卫生间窗户 贴玻璃遮挡 喷漆 | 件 | 1.00 | 20 | 20.00 | 透光不透形磨砂玻璃喷漆 |
| | 合计 | | | | 18441.00 | |
| 十九、工程结算价 | | | | | 103090.60 | |

**6. 与同等面积的住宅工程造价相比较并进行分析两者造价有差异的原因**

(1)与该工程同等面积的B住宅工程相关图纸及案例中A住宅空间相关图纸(图8-7至图8-15)

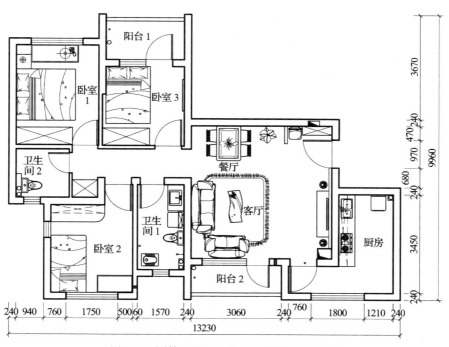

图8-7 同等面积的B住宅空间装饰平面图

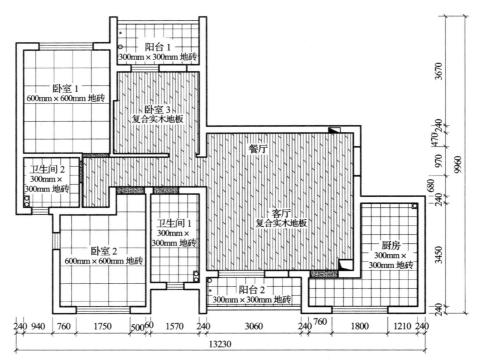

图 8-8　同等面积的 B 住宅地面铺装图

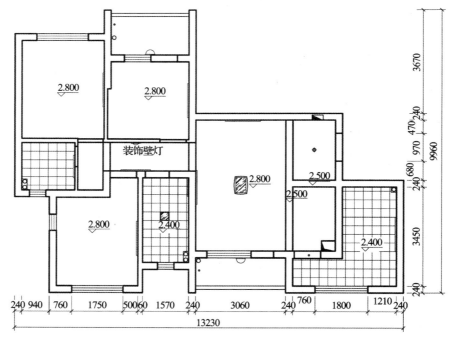

图 8-9　同等面积的 B 住宅顶棚图

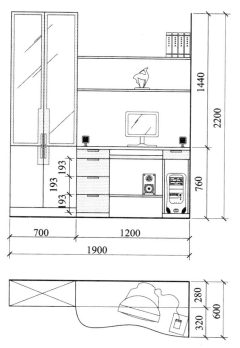

图 8-10 同等面积的 B 住宅空间书桌书柜立面图

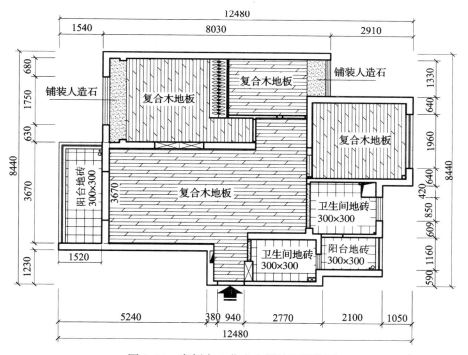

图 8-11 案例中 A 住宅空间地面铺装图

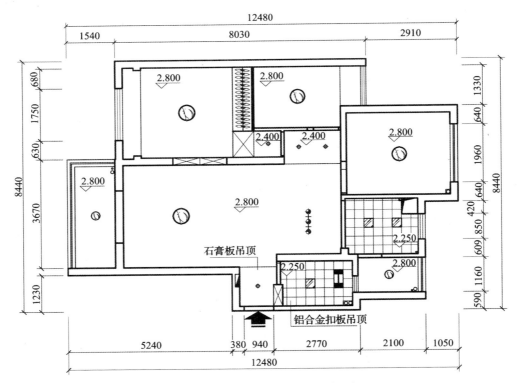

图 8-12　案例中 A 住宅空间顶棚图

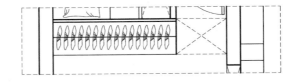

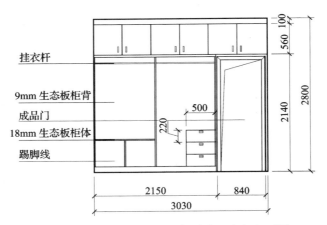

图 8-13　案例中 A 住宅空间卧室 1 衣柜立面图

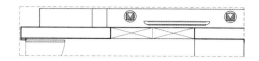

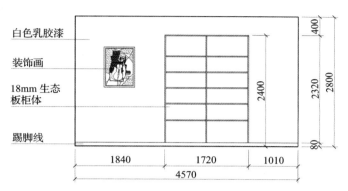

图 8-14　案例中 A 住宅空间卧室 1 书柜立面图

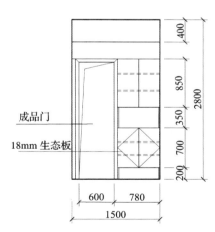

图 8-15　案例中 A 住宅空间鞋柜立面图

（2）与该工程同等面积的 B 住宅工程决算报表（见表 8-4）

表 8-4　　　　　　　　　　　同等面积的 B 住宅工程决算报表

| 序号 | 项目名称 | 单位 | 数量 | 单价 / 元 | 合计 / 元 | 材料工艺及说明 |
|---|---|---|---|---|---|---|
| 一、基础工程 | | | | | | |
| 1 | 卫生间地面回填 | m² | 7.70 | 75 | 577.50 | 华新水泥砂浆填平地面 |
| 2 | 包落水管 | 根 | 5.00 | 155 | 775.00 | 龙骨包扎，水泥砂浆找平 |

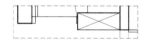

续表

| 序号 | 项目名称 | 单位 | 数量 | 单价/元 | 合计/元 | 材料工艺及说明 |
|---|---|---|---|---|---|---|
| 3 | 厨房卫生间防水处理 | m² | 7.50 | 85 | 637.50 | 911聚氨酯防水涂刷2遍，聚合物防水涂料涂刷2遍，房屋医生防水剂涂刷2遍 |
| 4 | 其他局部改造 | 项 | 1.00 | 600 | 600.00 | 全房局部修饰、改造，人工、辅料 |
| 5 | 施工耗材 | 项 | 1.00 | 800 | 800.00 | 电动工具损耗折旧，耗材更换，钻头、砂纸、打磨片、切割片、脚手架梯、墨线盒、操作台、编织袋、泥桶、水桶水箱、扫帚、铁锹、劳保用品等 |
| | 合计 | | | | 3390.00 | |

二、水电工程

| 序号 | 项目名称 | 单位 | 数量 | 单价/元 | 合计/元 | 材料工艺及说明 |
|---|---|---|---|---|---|---|
| 1 | 进水管隐蔽工程改造 | m | 46.50 | 58 | 2697.00 | 金牛PP-R管，打槽、入墙、安装，拆除原有管道，布设新管道 |
| 2 | 排水管隐蔽工程改造 | m | 25.20 | 50 | 1260.00 | 联塑PVC排水管，接头、配件、安装 |
| 3 | 洁具安装 | 项 | 1.00 | 500 | 500.00 | 含安装辅料与人工，不含洁具 |
| 4 | 电路隐蔽工程改造 | m | 288.00 | 26 | 7488.00 | "武汉第二电线电缆厂"BVR铜线，照明插座线路2.5mm²，空调线路4mm²，国标电视线、电话线、音响线、网络线、联塑牌PVC绝缘管、不含开关、插座，对现有电路进行改造 |
| 5 | 灯具安装 | 项 | 1.00 | 500 | 500.00 | 含安装辅料与人工，不含灯具 |
| | 合计 | | | | 12445.00 | |

三、客厅餐厅工程

| 序号 | 项目名称 | 单位 | 数量 | 单价/元 | 合计/元 | 材料工艺及说明 |
|---|---|---|---|---|---|---|
| 1 | 墙顶面基层处理 | m² | 96.10 | 12 | 1153.20 | 刮成品腻子2遍，打磨 |
| 2 | 墙顶面乳胶漆 | m² | 96.10 | 15 | 1441.50 | 多乐士家丽安净味乳胶漆，单色乳胶漆2遍，底漆1遍 |
| | 合计 | | | | 2594.70 | |

四、厨房工程

| 序号 | 项目名称 | 单位 | 数量 | 单价/元 | 合计/元 | 材料工艺及说明 |
|---|---|---|---|---|---|---|
| 1 | 墙面铺贴瓷砖 | m² | 36.90 | 72 | 2656.80 | 华新水泥砂浆铺贴，人工，不含瓷砖 |
| 2 | 地面铺装防滑砖 | m² | 8.75 | 75 | 656.25 | 华新水泥砂浆铺贴，人工，不含瓷砖 |
| | 合计 | | | | 3313.05 | |

续表

| 序号 | 项目名称 | 单位 | 数量 | 单价/元 | 合计/元 | 材料工艺及说明 |
|---|---|---|---|---|---|---|
| 五、卫生间工程 | | | | | | |
| 1 | 墙面铺贴瓷砖 | m² | 32.50 | 72 | 2340.00 | 华新水泥砂浆铺贴，人工，不含瓷砖 |
| 2 | 墙顶面乳胶漆 | m² | 20.00 | 15 | 300.00 | 多乐士家丽安净味乳胶漆，单色乳胶漆2遍，底漆1遍 |
| 3 | 墙面铺贴踢脚线 | m | 6.80 | 15 | 102.00 | 华新水泥砂浆铺贴，人工，不含瓷砖踢脚线 |
| 4 | 地面铺装地砖 | m² | 8.42 | 75 | 631.50 | 华新水泥砂浆铺贴，人工，不含瓷砖 |
| | 合计 | | | | 3373.50 | |
| 六、卧室1工程 | | | | | | |
| 1 | 墙顶面基层处理 | m² | 49.20 | 12 | 590.40 | 刮成品腻子2遍，打磨 |
| 2 | 墙顶面乳胶漆 | m² | 49.20 | 15 | 738.00 | 多乐士家丽安净味乳胶漆，单色乳胶漆2遍，底漆1遍 |
| | 合计 | | | | 1328.40 | |
| 七、卧室2工程 | | | | | | |
| 1 | 墙顶面基层处理 | m² | 50.50 | 12 | 606.00 | 刮成品腻子2遍，打磨 |
| 2 | 墙顶面乳胶漆 | m² | 50.50 | 15 | 757.50 | 多乐士家丽安净味乳胶漆，单色乳胶漆2遍，底漆1遍 |
| 3 | 闭门器安装 | 件 | 2.00 | 80 | 160.00 | 双阳台闭门器安装，人工、辅料 |
| 4 | 墙面铺贴瓷砖踢脚线 | m | 13.20 | 15 | 198.00 | 华新水泥砂浆铺贴，人工，不含瓷砖踢脚线 |
| 5 | 地面铺装玻化砖600×600 | m² | 10.10 | 75 | 757.50 | 华新水泥砂浆铺贴，人工，不含瓷砖 |
| | 合计 | | | | 2479.00 | |
| 八、卧室3工程 | | | | | | |
| 1 | 墙顶面基层处理 | m² | 42.50 | 12 | 510.00 | 刮成品腻子2遍，打磨 |

续表

| 序号 | 项目名称 | 单位 | 数量 | 单价/元 | 合计/元 | 材料工艺及说明 |
|---|---|---|---|---|---|---|
| 2 | 墙顶面乳胶漆 | m² | 42.50 | 15 | 637.50 | 多乐士家丽安净味乳胶漆，单色乳胶漆2遍，底漆1遍 |
| | 合计 | | | | 1147.50 | |

九、走道工程

| 序号 | 项目名称 | 单位 | 数量 | 单价/元 | 合计/元 | 材料工艺及说明 |
|---|---|---|---|---|---|---|
| 1 | 墙顶面基层处理 | m² | 40.20 | 12 | 482.40 | 刮成品腻子2遍，打磨 |
| 2 | 墙顶面乳胶漆 | m² | 40.20 | 15 | 603.00 | 多乐士家丽安净味乳胶漆，单色乳胶漆2遍，底漆1遍 |
| | 合计 | | | | 1085.40 | |

十、阳台工程

| 序号 | 项目名称 | 单位 | 数量 | 单价/元 | 合计/元 | 材料工艺及说明 |
|---|---|---|---|---|---|---|
| 1 | 地面铺装仿古砖 | m² | 8.74 | 75 | 655.50 | 华新水泥砂浆铺贴，人工，不含瓷砖 |
| | 合计 | | | | 655.50 | |

十一、其他工程

| 序号 | 项目名称 | 单位 | 数量 | 单价/元 | 合计/元 | 材料工艺及说明 |
|---|---|---|---|---|---|---|
| 1 | 材料运输费 | 项 | 1.00 | 600 | 600.00 | 材料市场到施工现场楼下的运输费用 |
| 2 | 材料搬运费 | 项 | 1.00 | 800 | 800.00 | 材料市场搬运上车，门口搬运入户 |
| 3 | 垃圾清运费 | 项 | 1.00 | 500 | 500.00 | 装饰施工建筑垃圾装袋，搬运到指定位置 |
| | 合计 | | | | 1900.00 | |
| 十二 | 工程直接费 | | | | 33712.05 | 上述项目之和 |
| 十三 | 工程总造价 | | | | 33712.05 | （工程直接费+设计费+工程管理费+税金） |

十四、工程补充说明

| 1 | 此报价不含物业管理与行政管理所收任何费用，物业管理与行政管理收费用由甲方承担。 |
|---|---|
| 2 | 施工中项目和数量如有增加或减少，则按实际施工项目和数量结算工程款。 |
| 3 | 以上不包含成品家具、空调、计算机等设备等。 |

续表

| 序号 | 项目名称 | 单位 | 数量 | 单价/元 | 合计/元 | 材料工艺及说明 |
|---|---|---|---|---|---|---|
| 十五、增加工程 | | | | | | |
| 1 | 卧室1大衣柜 | m² | 3.57 | 720 | 2570.40 | E1福汉免漆板，含五金件、推拉门等 |
| 2 | 卧室3大衣柜 | m² | 3.15 | 720 | 2268.00 | E1福汉免漆板，含五金件、推拉门等 |
| 3 | 走道书柜 | m² | 2.45 | 720 | 1764.00 | E1福汉免漆板，含五金件、玻璃等 |
| 4 | 鞋柜 | m² | 1.76 | 700 | 1232.00 | E1福汉免漆板，含五金件等 |
| 5 | 电视背景墙 | 项 | 1.00 | 1800 | 1800.00 | E1福汉免漆板，客厅电视背景墙，含五金件、玻璃等 |
| 6 | 卧室3床 | m² | 3.15 | 600 | 1890.00 | E1福汉免漆板，卧室床，1.5m宽，含五金件与床头靠背 |
| 7 | 小卫生间防水处理 | m² | 6.20 | 85 | 527.00 | 911聚氨酯防水涂刷2遍，聚合物防水涂料涂刷2遍，房屋医生防水剂涂刷2遍 |
| 8 | 客厅餐厅走道卧室13地面找平 | m² | 42.00 | 40 | 1680.00 | 1∶2.5水泥砂浆找平地面，素水泥自流地坪砂浆整平，厚度30mm |
| 9 | 壁纸施工垫付 | 项 | 1.00 | 70 | 70.00 | 壁纸安装完成后垫付70元 |
| 10 | 衣柜图案重复打印 | 项 | 1.00 | 75 | 75.00 | 重复调整后打印、裱膜 |
| 11 | 走道书柜更换有框玻璃门 | m² | 1.90 | 150 | 285.00 | 原有无框玻璃换装成有框玻璃柜门 |
| 12 | 安装装饰画 | 项 | 1.00 | 150 | 150.00 | 安装装饰画 |
| 13 | 更换门锁锁芯 | 项 | 1.00 | 100 | 100.00 | 更换业主购置锁芯 |
| 14 | 家具安装 | 项 | 1.00 | 200 | 200.00 | 安装业主购置成品家具，餐桌、茶几 |
| | 合计 | | | | 14611.40 | |
| 十六、工程总造价 | | | | | 48323.45 | |

（3）分析差异原因

1）所选风格不同；案例中住宅工程装修风格为现代简约风，与之同等面积的另一住宅工程装修风格为地中海风格。

2）部分辅材选用的品牌不同；

3）主材所选品牌不同；

4）工程施工方的收费不同；

5）住宅工程所处的楼层不同，各项小费用收费不同；

6）设计收费不同；

7）住宅工程内各分项工程量有所不同。

**7. 装订成册**

整理好资料，装订。

**8. 存档**

注意备份。

四、案例中 A 住宅工程的相关图片（图 8-16 至图 8-18）

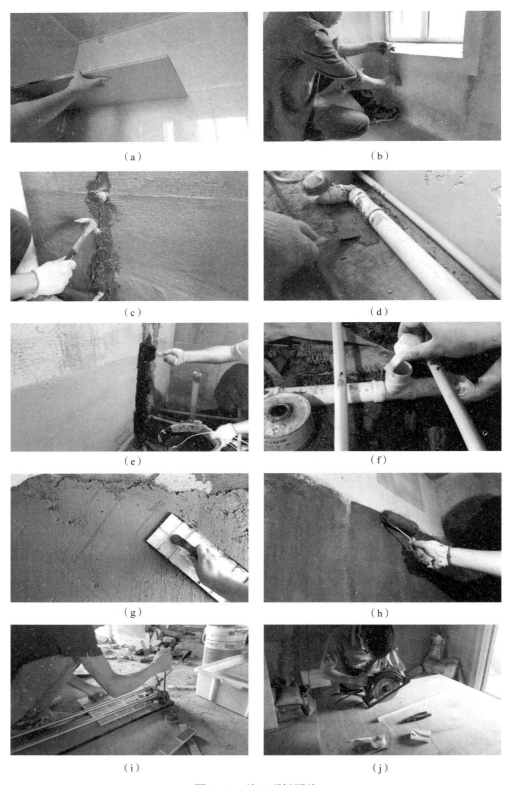

图 8-16　施工现场照片

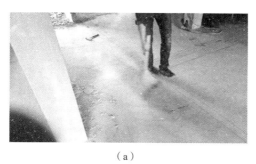 

（a）　　　　　　　　　　　（b）

图 8-17　施工现场清洁

（a）　　　　　　　　　　　（b）

（c）　　　　　　　　　　　（d）

（e）　　　　　　　　　　　（f）

（g）

（h）

图 8-18　案例中 A 住宅工程竣工照片

## ★课后练习

1. 工程结算的概念是什么？

2. 描述工程结算的内容。

3. 介绍工程结算编制的依据。

4. 介绍工程结算编制的程序。

5. 讲述工程结算编制的方法。

6. 讲述工程决算的概念。

7. 介绍工程决算的作用。

8. 介绍工程决算的内容。

9. 介绍工程决算的编制方法。

10. 讲述工程决算的编制步骤。

11. 描述工程决算与工程结算的区别。

12. 简述编制竣工财务决算表应注意的问题。

13. 简述工程结算的意义。

# 附录 1  工程结算、决算注意事项

## 工程结算注意事项

1. 核对与编制好结算资料基础。

2. 注意工程量的审核。

3. 定额单价的审核不可忽视。在一般情况下，工程的定额单价都有具体规定，编制工程结算时只要参照定额单价的明细子目就可以直接套用。然而在实际操作中，定额单价套用往往出现差错。

4. 其他费用的审核坚持合情合理。其他费用，由于计算方法不同于工程量和定额单价的套用，故在审核中要根据费用的发生具体对待。

5. 熟悉施工图纸。施工图是编审结算中分项数量的主要依据，必须全面熟悉了解，核查所有图纸，盘点无误后顺次识读。

6. 了解预结算包括的范围。根据预结算编制说明，懂得预结算包括的工程内容。例如配套设施、室外管线、途径以及会审图纸后的设计变更等。

7. 弄清所采用的单位估价表。任何单位估价表或预算定额都有一定的适用范围，应根据工程性质，收集熟悉相应的单价、定额资料。

8. 注意清单工程量据实调整。

9. 确认乙方人员是否符合甲方管理要求。

10. 变更签证资料手续应完整，应有建设单位、监理单位、审计单位、施工单位签字盖章。

11. 注意变更估价原则：实际工程量与招标清单工程量有差异时，工程量据实调整，综合单价执行甲乙双方商定的综合单价。

12. 暂估价材料需要提供购销合同或价格签证单，调理差价，差价只计取税金，除去暂估价以外的材料不调整。

13. 注意编制与工程结算项目、工作内容和方法相符合的施工组织设计，若实际施工中改变、调整、优化了施工组织设计，应有相应的注明性文件

14. 注意仔细斟酌施工合同的条款及用词，避免存有含糊、漏洞之处。

15. 注意搜集签证齐全、有效的经济文件，办理竣工结算的经济文件应包括：施工图纸、图纸会审记录、设计变更、施工组织设计、隐蔽工程验收记录、竣工图纸等。

16. 一般卫生间墙脚带现浇要计算，并且在一般砖墙项目中应扣除相应体积。

17. 注意避免因结算计价方式引发的分歧。

18. 在结算时，材料价差、暂估价调整应该按合同约定。清单项的变更有两部分，第一是工程量的变化，第二是工作内容发生变化。第一种完全按单项子目价格的限额要求调整。第二种要根据合同对设计变更或签证的具体要求。

19. 工程量出现增减后，分部分项按实进行

调整，措施项要分析是否是由工程量的变化而引起的变更。

20. 由于工程量清单的工程数量有误引起的工程量的增减，在结算时应按合同对结算条款的具体要求执行。如没有要求，要分析此合同类型，是开口合同还是闭口合同，一般情况是双方协商结算办理，补充明细合同条款后再进行结算。

21. 招标工程的中标价在竣工决算时，当发生工程量变更，要根据合同约定，一般只能对变更部分按合同约定的办法进行计算，至于材料价格仍要依据合同约定，如果没有约定只能对变更部分按实结算，投标书部分不应调整。对于特殊情况双方协商解决。

22. 隐蔽工程可以作为设计变更或现场签证的依据，不过还得补充设计变更及现场签证单。

23. 工程量清单描述与施工图纸不符，且施工中有现场签证，在固定总价情况下，应依据合同中结算条款对变更及签证的约定，如果有明确条例规定则按合同执行。如果没有明确规定则双方协商确定变更和签证的结算方式后进行结算。

24. 签证是针对实际发生的费用，一般签证只需另外计取税金，即直接计入税前造价。

25. 签证部分是否优惠要看合同约定，如果有约定则按合同执行，如果没有约定，则需要甲乙双方进行协商。一般来说，优惠是针对该项目而言，而签证也包含在单项工程总造价内，所以也需要优惠。

26. 对于在包干价中遇到新增项目要不要加收施工措施费时应该看合同约定。正常来说包干价中不包括新增项目，如果因为该项施工引发了额外的施工措施费（一般是指技术措施费），则需要计取。

27. 飘窗与室内楼地面高差达到0.45m的不计算面积；高差小于0.45m且窗洞高度达到2.20m的等同于落地飘窗，计算全部面积；高差

小于0.45m、窗洞高度小于2.20m的，计算一半面积；落地窗高度达到2.20m的计算全面积，在2.20m以下的计算一半面积。

28. 计算首层建筑面积时，阳台部分仍按一半计算面积并计入首层建筑面积。

29. 零星工作费的量是暂估，结算时必须按实结算，不发生不计取。夜间施工增加费要根据合同条款进行确定，如果是包干费用，不调整按实结算，无论发生与否都要计取。如果合同约定是按实结算，则发生了计取，不发生不计取。

30. 结算时要根据图纸和清单计算规则计算实际发生的工程量，当超出3%时可以调整，反之不可调整，最终确定工程结算值。

## 工程决算注意事项

1. 工程量的核实。工程量是进行决算的基本依据，而要精确的计算和核实各个分部的工程量，首先必须熟悉施工图。

2. 对施工现场的实际情况必须清楚。在施工过程中，往往会发生一些影响工程决算的变动，如地质资料的变化、周围环境的障碍、施工方式的改变、图纸设计中的差错与失误的修正和甲方提出的变更等。作为建设单位，平时就要经常深入工地，掌握实际施工情况，做好签证工作；对变更项目，作到了如指掌，等决算时，按照实际与合同的有关规定作如实调整。

3. 在决算审核中，对预算定额各部分的"工作内容"必须了解熟悉，以防重复计算。

4. 必须懂得预算定额的各个部分中，都有许多计算规则，比如平整场地、管沟地槽和基坑的区别；什么情况计算单排脚手架、双排脚手架和满堂脚手架，哪些项目不计算脚手架费用；钢筋损耗、弯钩、搭接如何计算等。计算规则中还有一些应扣减的条文，如墙体计算中应扣除门窗洞

口等；同时，定额中还有一些应增减系数的规定。

5. 不可忽视预算定额中各分部分项的套用。工程量计算出之后，套用定额有相当大的差异，作为施工单位往往套入级别高、价格高的定额。

6. 注意材料价格的核定。

7. 其他费用和取费的计算

（1）其他费用计取涉及到一些具体问题，如材料的二次搬运、大型机械进出场费、施工用水电摊销费、赶工费等等。

（2）取费应按当地的文件规定执行。

8. 接到图纸后先熟悉了解图纸。

（1）将变更、核定文件标注到图纸上具体到每个构件，并标示变更、核定文件出处、日期。

（2）了解工程基本特征（抗震等级、设防烈度、室内外高差、砼标号、抗渗等级），标识图纸特征，用本子记录下工程特征及特别注意的事项，以便查询、检查。

9. 对于构件连接设置要根据图纸设计要求对梁、柱、墙节点进行设置搭接、焊接、机械连接设置，钢筋接头计算长度。

10. 钢筋计算要注意主次梁交接处各 3 根箍筋以及吊筋，顶面梁是否改为屋面梁。

11. 计算构造柱时，根据计算结果，增加构造柱搭接长度钢筋。

12. 台阶面层包括踏步及上一层踏步外沿加 300 mm，按照水平投影面积计算。

13. 楼梯栏杆及其他栏杆含量及规格型号不同也要记得换算。

14. 楼梯踢脚单独列项计算。

15. 防水工程：平面 + 上翻的高度 × 房间周长。

16. 确认外墙砖门窗洞口增加包口。

17. 确认墙砖磨角是否计算。

18. 确认抹灰工程是否计算墙柱钢丝网片。

19. 楼梯踏步踢脚一般都要换算含量；踢脚板的价格需要甲方认价然后调价格。

20. 外墙抹灰如有嵌缝记得调整换算。

21. 变形缝如果有要记得计算同时要记得含量或材料不同要记得调整，要把外墙、内墙以及屋面、楼地面的都计算上。

22. 屋面架空隔热板要记得有运输以及制作，运输及制作时要注意按体积。

23. 确认烟道是否计算。

24. 建筑工程垂直运输按照楼层建筑面积计算。

25. 注意塔吊、施工电梯、搅拌站基础发生的费用。

26. 不要遗漏垃圾清除外运费。

27. 注意材料检验及试验费。

28. 注意二次搬运费、远途施工增加费、缩短工期增加费、安全文明施工费、场地租赁费及办公和住宿用房租赁费。

29. 注意社会保险费、定额测定费、利润及税金、采购保管费、总承包管理费、人工费价差、材料费价差、机械价差（电、油）。

30. 清单计价应注意清单工程量和定额工程量的差别，确保准确性，特别是从图形导入清单计价程序后，分楼层或分月、季度时，清单工程量要和定额工程量相对应，避免清单工程量大导致综合单价低。

# 附录2 施工安全相关规定

## 安全管理保证项目规定

### 1. 安全生产责任制

（1）工程项目部应建立以项目经理为第一责任人的各级管理人员安全生产责任制；

（2）安全生产责任制应经责任人签字确认；

（3）工程项目部应有各工种安全技术操作规程；

（4）工程项目部应按规定配备专职安全员；

（5）对实行经济承包的工程项目，承包合同中应有安全生产考核指标；

（6）工程项目部应制定安全生产资金保障制度；

（7）按安全生产资金保障制度，应编制安全资金使用计划，并应按计划实施；

（8）工程项目部应制定以伤亡事故控制、现场安全达标、文明施工为主要内容的安全生产管理目标；

（9）按安全生产管理目标和项目管理人员的安全生产责任制，应进行安全生产责任目标分解；

（10）应建立对安全生产责任制和责任目标的考核制度；

（11）按考核制度，应对项目管理人员定期进行考核。

### 2. 施工组织设计及专项施工方案

（1）工程项目部在施工前应编制施工组织设计，施工组织设计应针对工程特点、施工工艺制定安全技术措施；

（2）危险性较大的分部分项工程应按规定编制安全专项施工方案，专项施工方案应有针对性，并按有关规定进行设计计算；

（3）超过一定规模危险性较大的分部分项工程，施工单位应组织专家对专项施工方案进行论证；

（4）施工组织设计、安全专项施工方案，应由有关部门审核，施工单位技术负责人、监理单位项目总监批准；

（5）工程项目部应按施工组织设计、专项施工方案组织实施。

### 3. 安全技术交底

（1）施工负责人在分派生产任务时，应对相关管理人员、施工作业人员进行书面安全技术交底；

（2）安全技术交底应按施工工序、施工部位、施工栋号分部分项进行；

（3）安全技术交底应结合施工作业场所状况、特点、工序，对危险因素、施工方案、规范标准、操作规程和应急措施进行交底；

（4）安全技术交底应由交底人、被交底人、专职安全员进行签字确认。

## 4. 安全检查

（1）工程项目部应建立安全检查制度；

（2）安全检查应由项目负责人组织，专职安全员及相关专业人员参加，定期进行并填写检查记录；

（3）对检查中发现的事故隐患应下达隐患整改通知单，定人、定时间、定措施进行整改。重大事故隐患整改后，应由相关部门组织复查。

## 5. 安全教育

（1）工程项目部应建立安全教育培训制度；

（2）当施工人员入场时，工程项目部应组织进行以国家安全法律法规、企业安全制度、施工现场安全管理规定及各工种安全技术操作规程为主要内容的三级安全教育培训和考核；

（3）当施工人员变换工种或采用新技术、新工艺、新设备、新材料施工时，应进行安全教育培训；

（4）施工管理人员、专职安全员每年度应进行安全教育培训和考核。

## 6. 应急救援

（1）工程项目部应针对工程特点，进行重大危险源的辨识，应该制定防触电、防坍塌、防高处坠落、防起重及机械伤害、防火灾、防物体打击等主要内容的专项应急救援预案，并对施工现场易发生重大安全事故的部位、环节进行监控；

（2）施工现场应建立应急救援组织，培训、配备应急救援人员，定期组织员工进行应急救援演练；

（3）按应急救援预案要求，应配备应急救援器材和设备。

# 安全管理一般项目规定

## 1. 分包单位安全管理

（1）总包单位应对承揽分包工程的分包单位进行资质、安全生产许可证和相关人员安全生产资格的审查；

（2）当总包单位与分包单位签订分包合同时，应签订安全生产协议书，明确双方的安全责任；

（3）分包单位应按规定建立安全机构，配备专职安全员。

## 2. 持证上岗

（1）从事建筑施工的项目经理、专职安全员和特种作业人员，必须经行业主管部门培训考核合格，取得相应资格证书，方可上岗作业；

（2）项目经理、专职安全员和特种作业人员应持证上岗。

## 3. 生产安全事故处理

（1）当施工现场发生生产安全事故时，施工单位应按规定及时报告；

（2）施工单位应按规定对生产安全事故进行调查分析，制定防范措施；

（3）应依法为施工作业人员办理保险。

## 4. 安全标志

（1）施工现场入口处及主要施工区域、危险部位应设置相应的安全警示标志牌；

（2）施工现场应绘制安全标志布置图；

（3）应根据工程部位和现场设施的变化，调整安全标志牌设置；

（4）施工现场应设置重大危险源公示牌。

# 高处作业吊篮保证项目规定

## 1. 施工方案

（1）吊篮安装、拆除作业应编制专项施工方案，悬挂吊篮的支撑结构承载力应经过验算；

（2）专项施工方案应按规定进行审批。

## 2. 安全装置

（1）吊篮应安装防坠安全锁，并应灵敏有效；

（2）防坠安全锁不应超过标定期限；

（3）吊篮应设置作业人员专用的挂设安全带的安全绳或安全锁扣，安全绳应固定在建筑物可靠位置上不得与吊篮上的任何部位有链接；

（4）吊篮应安装上限位装置，并应保证限位装置灵敏可靠。

### 3．悬挂机构

（1）悬挂机构前支架严禁支撑在女儿墙上、女儿墙外或建筑物外挑檐边缘；

（2）悬挂机构前梁外伸长度应符合产品说明书规定；

（3）前支架应与支撑面垂直且脚轮不应受力；

（4）前支架调节杆应固定在上支架与悬挑梁连接的结点处；

（5）严禁使用破损的配重件或其他替代物；

（6）配重件的重量应符合设计规定。

### 4．钢丝绳

（1）钢丝绳磨损、断丝、变形、锈蚀应在允许范围内；

（2）安全绳应单独设置，型号规格应与工作钢丝绳一致；

（3）吊篮运行时安全绳应张紧悬垂；

（4）利用吊篮进行电焊作业应对钢丝绳采取保护措施。

### 5．安装

（1）吊篮应使用经检测合格的提升机；

（2）吊篮平台的组装长度应符合规范要求；

（3）吊篮所用的构配件应是同一厂家的产品。

### 6．升降操作

（1）必须由经过培训合格的持证人员操作吊篮升降；

（2）吊篮内的作业人员不应超过2人；

（3）吊篮内作业人员应将安全带使用安全锁扣正确挂置在独立设置的专用安全绳上；

（4）吊篮正常工作时，人员应从地面进入吊篮内。

## 高处作业吊篮一般项目规定

### 1．交底与验收

（1）吊篮安装完毕，应按规范要求进行验收，验收表应由责任人签字确认；

（2）每天班前、班后应对吊篮进行检查；

（3）吊篮安装、使用前对作业人员进行安全技术交底。

### 2．防护

（1）吊篮平台周边的防护栏杆、挡脚板的设置应符合规范要求；

（2）多层吊篮作业时应设置顶部防护板。

### 3．吊篮稳定

（1）吊篮作业时应采取防止摆动的措施；

（2）吊篮与作业面之间的距离应在规定要求范围内。

### 4．荷载

（1）吊篮施工荷载应满足设计要求；

（2）吊篮施工荷载应均匀分布；

（3）严禁利用吊篮作为垂直运输设备。

## 施工用电保证项目规定

### 1．外电防护

（1）外电线路与在建工程及脚手架、起重机械、场内机动车道的安全距离应符合规范要求；

（2）当安全距离不符合规范要求时，必须采取绝缘隔离防护措施，并应悬挂明显的警示标志；

（3）防护设施与外电线路的安全距离应符合规范要求，并应坚固、稳定；

（4）外电架空线路正下方不得进行施工、建造临时设施或堆放材料物品。

### 2. 接地与接零保护系统

（1）施工现场专用的电源中性点直接接地的低压配电系统应采用TN-S接零保护系统；

（2）施工现场配电系统不得同时采用两种保护系统；

（3）保护零线应由工作接地线、总配电箱电源侧零线或总漏电保护器电源零线处引出，电气设备的金属外壳必须与保护零线连接；

（4）保护零线应单独敷设，线路上严禁装设开关或熔断器，严禁通过工作电流；

（5）保护零线应采用绝缘导线，规格和颜色标记应符合规范要求；

（6）TN系统的保护零线应在总配电箱处、配电系统的中间处和末端处做重复接地；

（7）接地装置的接地线应采用2根及以上导体，在不同点与接地体做电气连接，接地体应采用角钢、钢管或光面圆钢；

（8）工作接地电阻不得大于$4\Omega$，重复接地电阻不得大于$10\Omega$；

（9）施工现场起重机、物料提升机、施工升降机、脚手架应按规范要求采取防雷措施，防雷装置的冲击接地电阻值不得大于$30\Omega$；

（10）做防雷接地机械上的电气设备，保护零线必须同时做重复接地。

### 3. 配电线路

（1）线路及接头应保证机械强度和绝缘强度；

（2）线路应设短路、过载保护，导线截面应满足线路负荷电流；

（3）线路的设施、材料及相序排列、档距、与邻近线路或固定物的距离应符合规范要求；

（4）电缆应采用架空或埋地敷设并应符合规范要求，严禁沿地面明设或沿脚手架、树木等敷设；

（5）电缆中必须包含全部工作芯线和用作保护零线的芯线，并应按规定接用；

### 4. 配电箱与开关箱

（1）施工现场配电系统应采用三级配电、二级漏电保护系统，用电设备必须有各自专用的开关箱；

（2）箱体结构、箱内电器设置及使用应符合规范要求；

（3）配电箱必须分设工作零线端子板和保护零线端子板，保护零线、工作零线必须通过各自的端子板连接；

（4）总配电箱与开关箱应安装漏电保护器，漏电保护器参数应匹配并灵敏可靠；

（5）箱体应设置系统接线图和分路标记，并应有门、锁及防雨措施；

（6）箱体安装位置、高度及周边通道应符合规范要求；

（7）分配箱与开关箱之间的距离不应超过30m，开关箱与用电设备间的距离不应超过3m。

# 施工用电一般项目规定

### 1. 配电室与配电装置

（1）配电室的建筑耐火等级不应低于三级，配电室应配置适用于电气火灾的灭火器材；

（2）配电室、配电装置的布设应符合规范要求；

（3）配电装置中的仪表、电器元件设置应符合规范要求；

（4）配电室应采取防止风雨和小动物侵入的措施；

（5）配电室应设置警示标志、工地供电平面图和系统图。

### 2. 现场照明

（1）照明用电应与动力用电分设；

（2）特殊场所和手持照明灯应采用安全电压供电；

（3）照明变压器应采用双绕组安全隔离变压器；

（4）灯具金属外壳应接保护零线；

（5）灯具与地面、易燃物间的距离应符合规范要求；

（6）照明线路和安全电压线路的架设应符合规范要求；

（7）施工现场应按规范要求配备应急照明。

### 3. 用电档案

（1）总包单位与分包单位应签订临时用电管理协议，明确各方相关责任；

（2）施工现场应制定专项用电施工组织设计、外电防护专项方案；

（3）专项用电施工组织设计、外电防护专项方案应履行审批程序，实施后应由相关部门组织验收；

（4）用电各项记录应按规定填写，记录应真实有效；

（5）用电档案资料应齐全，并应设专人管理。

# 附录 3　施工现场安全注意事项

1. 做好现场的卫生工作，工作区和膳食区分开，生活垃圾及时清运，现场储存的食物不得与建材混放，餐具、厨具要每天消毒，保持清洁。

2. 拆除墙体或建筑构件要遵照"自上而下，先次后主"的顺序，没有稳固支撑的残存构件，砌块必须一次拆除彻底，不留安全隐患；拆除的电线也必须彻底，确保没有电源连接，现场材料按其品种不同堆放要整齐，危险品、化学试剂与易燃物要分开摆放（间距 >5 米）或分别摆放在隔墙两边，不要混放。

3. 施工现场必须有灭火器或方便用于灭火的水源和盛水器具；如遇焊接等动火作业，必须将周围易燃物，可燃物清理干净，并准备好灭火设施，作业完毕应仔细检查，严防留下火种。

4. 施工现场严禁吸烟，严禁酒后作业，严禁赤脚或穿拖鞋作业。

5. 按规范要求使用临时电线（使用线盘或专用橡皮线），拖线板不得使用硬质塑料表壳，机具外观必须保持完好，现场不违章乱拉电线，严禁在临时电线上挂晒物料或衣服等。

6. 机具运行时严禁操作人员将头、手、身伸入运行的机械行程范围内，要严防头发，衣服或手套卷入机具内。

7. 圆盘锯的锯片连续断裂两个齿或发现有裂缝则必须更换。切割机锯片有裂缝或磨损严重则必须更换。

8. 临时照明应高于 2.4 米并要有开关控制，不得直接用线头搭接控制或接长明灯；太阳灯必须要安放稳固，禁止在油漆作业时使用太阳灯，禁止使用太阳灯或燃气炉烘烤、取暖；禁止擅自使用电炉、燃油炉等。

9. 现场使用的相关设备必须配有压力表、安全阀等安全装置，并对其周期性日常保养，严禁带病工作。

10. 不得在无足够采光条件的区域作业。

11. 使用电动机具前要检查线路，插头、插座、接地、漏电保护装置是否完好，有损坏的不得使用。

12. 电气线路或机具发生故障时，必须找电工处理，非电工不得自行修理或排除故障。

13. 现场临时使用燃气灶具要注意管道、接头安全可靠且符合规范，连接管必须用专用煤气连接管，不得使用已老化的胶管。用毕随手关闭总阀；保持现场通风，严防煤气中毒；严禁把厨房当作卧室休息。

14. 高处作业人员必须着装整齐，严禁穿硬塑料底等容易打滑的鞋和高跟鞋，工具应随手放入工具袋，手持机具使用前应检查以确保牢靠，洞口边、楼梯边必须有防护，严防人员或工具、物料坠落，高处作业使用的高凳、脚手板必须稳固，必须有保险带。

15. 现场用电，一定要有专人管理，同时设专用配电箱，严禁乱接乱拉，采取用电挂牌制度，杜绝违章作业，防止人身、线路、设备事故的发生。

16. 电钻、电锤、电焊机等电动机具用电及配电箱必须要有漏电保护装置和良好的接地保护地线，所有电动机具和线缆必须定期检查，保证绝缘良好，使用电动机具时应穿绝缘鞋，戴绝缘手套。

17. 做好防盗工作，现场无人时关好门窗，严防客户材料和自己工具财产的损失。

18. 泥工在开槽、切割墙地砖时必须戴防护镜。

19. 木工切割木料时，当木材切割至边缘时，必须使用木块或其他替代品木料推过去，当采用多点同轴转动机具（电锯与电刨二合一机具）时，必须把不使用的罩上盖子。

20. 存在隐患，有自己伤害自己、自己伤害他人、自己被他人伤害不安全因素存在时，不盲目操作，如遇人身伤害或中毒事故及时拨打120急救电话，并报告上司，如遇火灾及时拨打119报警电话，也需要向领导报告。

21. 施工人员进入施工现场前，必须要进行施工安全、消防知识的教育和考核工作，对考核不合格的职工，禁止进入施工现场参加施工。

22. 进入施工现场必须戴好安全帽，系好帽带，并正确使用个人劳动防护用品。

23. 施工作业时必须正确穿戴个人防护用品，进入施工现场必须戴安全帽。不许私自用火，严禁酒后操作。

24. 在高空、钢筋、结构上作业时，一定要穿防滑鞋。

25. 悬空作业时必须要有牢靠的立足点和安全绳索。

26. 严禁向窗外抛物，以免伤及他人。

27. 穿拖鞋、高跟鞋、赤脚或赤膊不准进入施工现场。

28. 穿硬底鞋时不得进行登高作业。

29. 工地施工照明用电，必须使用36伏以下安全电压，所有电器机具在不使用时，必须随时切断电源，防止烧坏设备。

30. 电动机械设备，必须有漏电保护装置和可靠保护接零，方可启动使用。

31. 从事高空作业人员要定期体验。凡患有高血压、心脏病、贫血症、癫痫病以及不适于高空作业的人员，不得从事高空作业。

32. 在用喷灯、电焊机以及必要生火的地方，要填写用火申请登记和设专人看管，随带消防器材等，保证消防措施的落实。

33. 高处作业材料和工具等物件不得上抛下掷。

34. 井字架吊篮、料斗不准乘人。

35. 未经安全教育培训合格不得上岗，非操作者严禁进入危险区域；特种作业必须持特种作业资格证上岗。

36. 施焊时，特别注意检查下方有无易燃物，并做好相应的防护，用完后要检查，确认无火后再离开。

37. 作业前应对相关的作业人员进行安全技术交底。

38. 在高空以及施工现场作业，如配管放配线，设备安装及开通调试中，必须要严格执行安全技术规程，严禁违章操作，造成不应发生的事故。

39. 现场人工断料，所用工具必须牢固，掌錾子和打锤要站成斜角，注意打锤的区域内的人和物体。切断小于30厘米的短钢筋，应用钳子夹牢，禁止用手把扶，并在外侧设置防护箱笼罩或朝向无人区。

40. 注意悬挂标牌与安全标志。

41. "四口、五临边"的安全防护要按规定使用工具化、标准化防护用具，临边防护高度不得低于1.2米。

42. 施工现场配电应三级配电两级保护，

用电设备必须有各自专用的开关箱，禁止带电操作。

43. 在建工程、伙房、库房不得兼作宿舍。食堂必须有卫生许可证，炊事人员必须持健康证上岗。

44. 施工现场必须按消防规定配备消防器材，高层建筑每层应设消防水源接口，宿舍、办公用房的防火等级应符合规范要求。

45. 施工现场严禁焚烧各类废弃物，施工现场应设置排水系统及沉淀池。

46. 夜间施工前，必须经批准后方可施工。

47. 施工现场必须采用封闭围挡，并设置车辆冲洗设施。主要道路和场地必须硬化或进行覆盖。

48. 应设置密闭式垃圾站，清运施工垃圾必须采用相应容器或管道运输，严禁凌空抛掷。

49. 注意定期检查安全设施。

50. 注意施工人员定期健康检查，并配备相应急救药箱。

# 参 考 文 献

1. 翟丽旻. 建筑装饰工程预算与清单报价（第二版）[M]. 北京：机械工业出版社，2016.

2. 杨栋. 室内装饰施工与管理 [M]. 南京：东南大学出版社，2005.

3. 李清奇. 装饰工程预算 [M]. 北京：北京理工大学出版社，2016.

4. 冯美宇. 建筑装饰施工组织与管理 [M]. 北京：中国建筑工业出版社，2014.

5. 袁建新. 建筑装饰工程预算（第四版）[M]. 北京：科学出版社，2015.

6. 陈祖建. 室内装饰工程概预算与招投标报价 [M]. 北京：电子工业出版社，2016.

7. 危道军. 建筑装饰施工组织与管理（第二版）[M]. 北京：化学工业出版社，2016.

8. 曹吉鸣. 工程施工组织与管理（第二版）[M]. 上海：同济大学出版社，2016.

9. 侯小霞，王永利，夏莉莉. 建筑装饰工程概预算（第二版）[M]. 北京：北京理工大学出版社，2014.

10. 刘美英. 景观与室内装饰工程预算 [M]. 北京：中国轻工业出版社，2014.

11. 朱艳. 装饰工程项目管理与预算 [M]. 北京：人民邮电出版社，2015.

12. 刘雅云. 家居装饰工程预算 [M]. 北京：机械工业出版社，2010.

13. 刘全义. 建筑及装饰工程定额与预算（第二版）[M]. 北京：中国建材工业出版社，2013.

14. 危道军. 预算员专业管理实务 [M]. 北京：中国建筑工业出版社，2010.

15. 范菊雨. 建筑装饰工程预算 [M]. 北京：北京大学出版社，2012.

16. 李凯文. 装饰工程预算 [M]. 武汉：武汉大学出版社，2016.

17. 薛建荣. 施工组织与管理（第二版）[M]. 北京：水利水电出版社，2010.

18. 吴锐. 装饰装修工程预算快速入门与技巧 [M]. 北京：中国建筑工业出版社，2014.

19. 张国栋. 装饰装修工程预算与清单报价实例分析 [M]. 北京：中国电力出版社，2015.

20. 冯占红. 建筑装饰工程施工工艺与预算 [M]. 北京：化学工业出版社，2009.

21. 郭爱云. 施工现场管理一学就会 施工现场安全管理 [M]. 北京：中国电力出版社，2013.

22. 中国建筑工程总公司 [M]. 施工现场职业健康安全和环境管理方案及案例分析. 北京：中国建筑工业出版社，2006.